安全文化をつくる

新たな行動の実践

はじめに

企業組織が安全に業務を行っていくためには、安全文化が大切であると言われます。皆さんも、安全文化という言葉を耳にしたり、安全文化に関わる職場の取り組みを行ったりされることがあると思います。

では、安全文化とはどのようなものか、と改めて考えてみると、曖昧でつかみどころがないと感じる人も多いのではないでしょうか。そのためか、安全文化の受け止め方は人によって様々なようです。強いて共通点を見いだすとすれば、安全文化とは、「安全を大事に思って仕事をすること」というところではないでしょうか。

文化は形あるものとして指し示すことは難しいものです。しかし、組織それぞれが持つ文化は、組織の構成員一人ひとりの判断や行動に深く関わっています。

本書では、現場で活用できるよう安全文化について解説するとともに、より健全な安全文化にしていくために、日常業務の中でどのように行動していくかを考えます。

また、経営者・管理者から現場の一人ひとりの方までが、それぞれの立場で読んでいただくことができるような内容としました。

本書が安全文化について知るきっかけとなり、皆さんの安全に役立つことができれば嬉しく思います。

原子力安全システム研究所　社会システム研究所

第一章

安全はリスクを通して考える

第一節　「安全」とはなにか

(1) 日本語の「安全」

私たちはよく「安全」という言葉を使いますが、そもそも安全とはどのようなものでしょうか。朝元気に仕事に出かけて夕方無事に帰ってくること、現場の設備や装置に異常が発生しないこと、事故が起こらないこと、などなど。

ある時、理工系大学院のゼミで、日本人学生に「安全とはどのようなことだと思いますか?」と聞いてみました。答えは、およそ次のようなものでした。

「危険がないこと」

「事故がないこと」

「何も悪いことが起きていないこと」

この答えには、ほぼ違和感はないと思います。

「安全」という言葉は、広辞苑には

「安らかで危険が無いこと」「平穏無事」

新明解国語辞典には

「災害や事故などによって、生命を脅かされたり、損傷・損失を被ったりする恐れがない状態（様子）」

と説明されています。

一般的に「安全」は、平穏無事な状態と捉えられていると言えるでしょう。それは図形でイメージするなら、欠けたところのない、完全な円のようなもの。そのため事故が起きていない状態が続いていれば、その会社の社員は、「我が社は安全である」と思うでしょう。

しかしその会社で事故が起きると、昨日まで安全であった会社が一転して「不安全な会社」になったように感じられます。職場の安全を自己評価するアンケートを継続的に行っていると、事故が起きたとたん評価が下がることがよくあります。これは、今まで欠けるところのない「円」だと思っていたのに実は欠けたところがあった、あるいは気づかないうちに「円」が欠けていたという感覚に近いのではないでしょうか。

そこで、事故が起きた会社では、対策として「円」の欠けていたところの修復に取り組みます。つまり事故の原因となった不安全な行動や、機器・設備などに対策を打ち、欠けていた部分を埋めるのです。そうすれば再び安全な状態、すなわち完全な「円」になる。私たちは、安全をこのように考えているふしがあります。

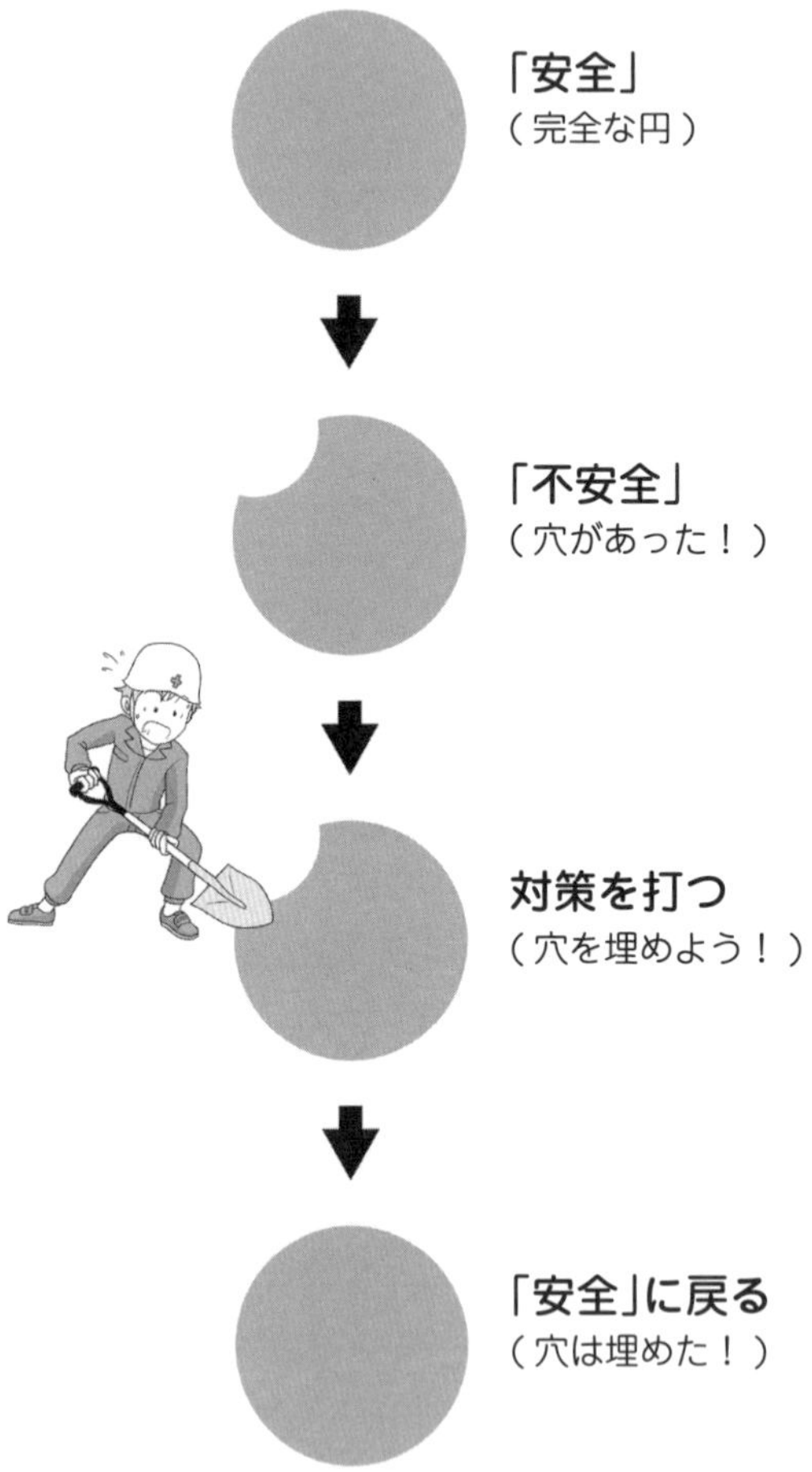

(2) 英語の「ｓａｆｅｔｙ」

先のゼミには海外からの留学生も出席していました。「ｓａｆｅｔｙとはなにか」という問いに対する彼らの答えは、日本人学生のものとは少し違っていました。

「It is activity（行動である）」

「Engineers have to maintain this state（技術者はこの状態を維持しなければならない）」

彼らの答えには、いずれも「行動する」ということが含まれており、日本語の「安全」が一般に意味する「平穏無事な状態」とは異なります。

「ｓａｆｅｔｙ」は、ブリタニカ百科事典では、

「危険な状態を最小にするか除去することを求め続ける活動（Those activities that seek either to minimize or to eliminate hazardous conditions that can cause bodily injury）」

とされています。

また、国際規格ISO/IEC Guide51:2014[1]に基づく日本工業規格（JIS Z 8051:2015)[2]では、安全（ｓａｆｅｔｙ）を「許容不可能なリスクがないこと」と定義して、リスクを探し出し、許容可能にする活動を継続していくことが必要としています。

ここからわかることは、ｓａｆｅｔｙは「リスクは常に存在する」ことを前提としている、ということです。

例えば、城郭都市をイメージしてみましょう。城郭都市とは町全体を城壁で囲い、外敵から町を守るように作られた都市のことです。

こういった都市は、外敵が常に周囲にいて、いつ襲ってくるかわからないリスクが存在していることを前提として作られています。自分たちの安全を確保するためには、敵に攻め込まれないよう、また何か起きたときにはすぐ対処できるように、常日頃から備えておく必要があります。そこで町を城壁で囲んだり、兵隊を揃えたり、城壁の上から四方を見張ったりと、領主や住民は様々なことを行います。つまり彼らは、外敵に襲われるリスクが常に存在することを前提として、安全をどう確保するかということを考えた行動をとっているのです。

これと同じように、ｓａｆｅｔｙは「リスクは常に存在する」ことを前提としています。そして、それらのリスクを小さくし、許容できる範囲に収められていることをもって、「ｓａｆｅｔｙ（安全）」としているのです。

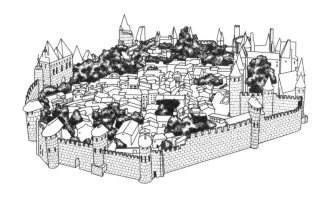

(3) 安全とはリスクを小さくしていくこと

日本語で一般的に使われる「安全」という言葉が、平穏無事という意味で受け取られていることは、産業の安全を考えるときにも、少なからず影響を与えていると思われます。安全を「平穏無事な状態」と受け取ると、今、事故などが起こっていなければ、およそ安全と思ってしまい、安全のために今以上の何かをするという、積極的な動機や行動が生まれないとしても不思議ではありません。

しかしｓａｆｅｔｙの考え方のように「リスクは常に存在する」ことを前提にすると、今事故などが起きていないから安全だ、とは言えなくなります。現状はリスクがある程度に抑えられているというだけのことであって、事故が起きていないのは、リスクがたまたま顕在化していない（事故になっていない）ということです。それらが何かの拍子に顕在化して、事故になる可能性は常にあります。さらには、まだ気づいていないリスクもあるでしょうし、状況が変化してリスクの大きさの評価が変わる可能性もあります。

普段、私たちは日本語を用いて生活しています。そのため安全を「平穏無事な状態」と受け取り、「何事もなければ安全だ」と感じるのは自然なことです。しかし産業安全を考えるときには、リスクが存在することを前提とし、「リスクをできるだけ小さくしていく」と考えることが必要です。「存在しているリスクをどんどん小さくしていく」ことが、今よりさらに安全を向上させていくための具体的な行動になります。

つまり、「安全はリスクを通して考える」のです。

第二節　リスクを小さくする

(1)リスクの考え方

日本工業規格[2]では、リスクについて次のように定義しています。

リスク（risk）

危害の発生確率およびその危害の度合いの組み合わせ

危害（harm）

人への傷害もしくは健康障害、または財産および環境への損害

ハザード（hazard）

危害の潜在的な源

ハザードはライオンに例えることができます。ライ

オンは固有の危険性を持っており、人が襲われるという危害をもたらす可能性があります。その危害（人が襲われること）は、どれくらいの頻度で起こるのか、また起こった場合の危害はどの程度か、これを組み合わせたものがリスクです。

ライオンに襲われる頻度は一般には低いと思われますが、実際に噛まれた場合の被害は甚大です。リスクはこのように、危害の発生確率と、その危害の程度の組み合わせです。産業場面において、危害は作業者のケガの場合もあれば、地域社会にまで波及する場合、さらには地球環境への影響といったものもありえます。

リスクを見積もった結果、それが許容できないとなった場合は、許容できる程度にまでリスクを小さくする対策を講じる必要があります。危害の発生頻度を抑えるか、危害の程度を下げるか、またはその両方を行います。

人がライオンに襲われるリスクを小さくする方法は、例えば、ライオンが人に近づくことができないようにす

ることです。ライオンをロープで木につなげば危害の発生確率は低くなり、リスクを小さくすることができます。さらに、ライオンを頑丈な檻に入れればリスクはもっと小さいものになります。

このように、

① ハザードを特定する
② リスク（危害の発生確率と危害の程度の組み合わせ）を見積もる
③ そのリスクが許容可能な範囲かどうかを判定する
④ リスクが許容可能な範囲でない場合にはリスクを小さくする対処を行う
⑤ リスクが許容可能な範囲になったかを判定する

以上のプロセスを必要に応じて反復することにより、リスクを許容可能な範囲にまで小さくすることができます。参考として、製品安全に関わるリスクアセスメントおよびリスク低減の反復プロセスを図1に示します。また、リスクを見積もり、リスクが許容可能かどうかを評価（判定）するときには、例えば表1に示すようなマトリックスを活用することができます。

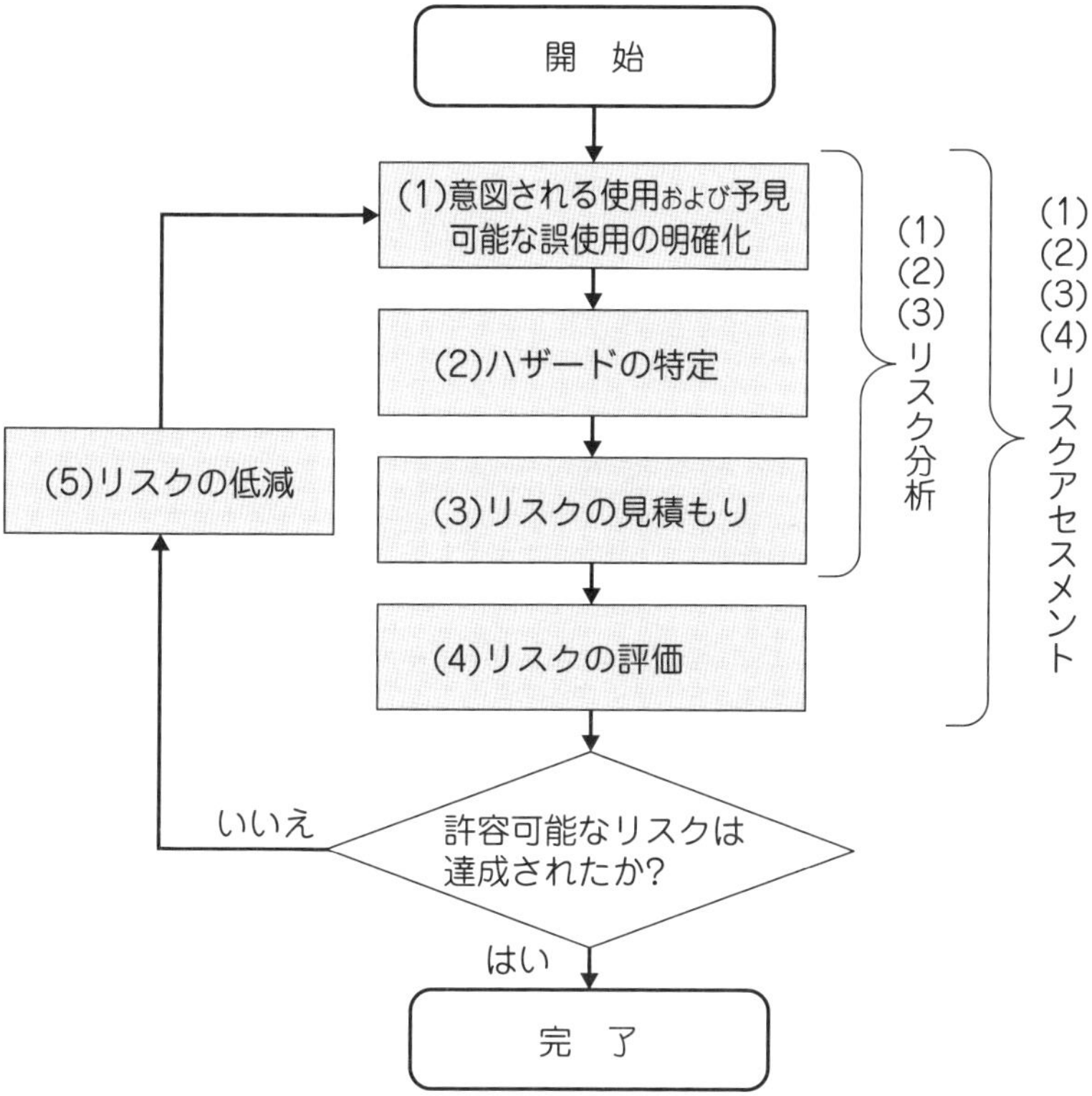

参考:経済産業省(2011)リスクアセスメント・ハンドブック実務編

図1 リスクアセスメントおよびリスク低減の反復プロセス

表1 リスクマトリックスの例

発生頻度		0 無傷	I 軽微	II 中程度	III 重大	IV 致命的	
5	頻発する	C	B3	A1	A2	A3	A領域
4	しばしば発生する	C	B2	B3	A1	A2	
3	時々発生する	C	B1	B2	B3	A1	
2	起こりそうにない	C	C	B1	B2	B3	B領域
1	まず起こり得ない	C	C	C	B1	B2	
0	考えられない	C	C	C	C	C	C領域

危害の程度

－3つのリスク領域－

A領域：許容できないリスク領域

B領域：リスク低減策の効用や副作用、あるいはコストを含めて実現性を考慮しながらも、最小限のリスクまで低減すべきリスク領域(C領域までリスクを小さくする現実的な技術がない場合のみ、この領域にとどまることが許容される)

C領域：許容可能なリスク領域

－表中の数字の意味－

「A3」の"3"は、B 領域まで 3 セル、「B2」の"2"は、C 領域まで 2 セルであることを示す。なお、Ⅳ-1 のセルだけは C 領域まで 1 セルであるのに「B2」となっているが、これは、Ⅳ-0 のセルが本来は「C」ではなく「B1」だったためである。致命的な危害であっても、一定レベル以下の頻度のリスクは受け入れるという国際規格の考え方による。

参考:経済産業省（2011）リスクアセスメント・ハンドブック実務編

(2) 危なさを〝量的〟に扱う

リスクという言葉に似たものに、「危険」があります。「危険」とは、広辞苑によると「危ないこと。危害または損失の生ずるおそれがあること」という意味です。「ビルの屋上での高所作業は危険だ」という言葉からは、その作業が危ないということはわかります。しかし、危険性がある、悪いことが起きそうだ、というだけであって、どれだけ危ない作業なのかはわかりません。

一方「リスク」の考え方を用いると、どのくらい危ないのかということを、危害の発生確率およびその危害の程度の組み合わせという形で、

「非常に危ない」

「まぁまぁ危ない」

「あまり危なくない」

というふうに、およそ量的に把握することができます。

危なさを量的に扱うことによって、

「リスクを半分にする」

とか、

「リスクを1／3にする」という考え方が可能になります。リスクという考え方のすぐれた点の一つは、安全を量的に捉えることで、安全性を少しずつでも継続的に高めていけることにあります。

(3) リスクを小さくする

「リスクを許容可能な範囲にまで小さくする」という考え方は、言い換えれば、私たちはある程度のリスクを「許容している」ということです。

その中には、条件つきで許容しているリスクや、やむを得ず許容しているリスクもあります。例えば作業スペースに開口部があるが、それを塞ぐための工事予算がないため、そこに監視人を立てて作業することがあります。開口部に落下するリスクは残されているものの、それを条件つきで許容しているのです。

あるいは、作業現場で使用する墜落制止用器具（安全帯）を考えてみましょう。

作業者はこれを使用することで、高所から落ちて大ケガをしたり、死亡したりするリスクを小さくしています。しかし従来の胴ベルト型の製品の場合、命は助かったとしても、落下の衝撃を受けて胴ベルトによる胸部や腹部の圧迫、あるいは腰骨や背骨の骨折など、重大な損傷を受ける可能性がありました。つまり胴ベルト型では、落下によって死亡するというリスクは小さくなっていますが、内臓損傷や骨折などのリスクは許容している状態であったと言えます。

このような「許容している」リスクを見直し、危害の発生頻度や程度を下げることによって、リスクを小さくしていくことができます。

厚生労働省は２０１８年に法令を改定し※1、墜落制止用器具として、原則、フルハーネス型のものの使用を義務づけました※2。これにより、落下時の荷重が胴部に集中せず、骨折や内臓損傷を受けるリスクを大幅に小さくすることができます。

ただし、フルハーネス型であってもリスクがなくなったわけではありません。例えば落下によって振り子状態が発生したときに壁に激突するリスクや、何らかの突起物によって身体に大きな損傷を受けるリスクは依然として残っています。いわばこれらのリスクは「許容している」と言えるのです。

また、事故経験や新しい知見によって危害の発生頻度や程度が見直され、リスクの評価が変わったり、それまで社会的に許容されていたリスクが許容されなくなることもあります。他工場や他企業で発生した事故の情報をもとに、作業の仕方が見直された経験はないでしょうか。これは、事故を契機にしてリスクの評価が変わったことを受けての措置なのです。

私たちは、どの程度のリスクまでを許容するかを何度でも見直すことが大切です。

例えば工事の計画時に行うリスクアセスメント（作業において想定されるリスクを評価し、許容できないリスクには対策をとること）も、見直しの機会の一つです。年に一度の定期的な修繕工事で、作業内容も前年と同じというケースを考えてみましょう。既に前年にもリスクの評価を行っており、許容できないものはないようになっています。

この時に、前年の作業は問題なく終わったなどの理由で、新たな対策は行わないのであれば、前年と同じリスクがそのまま残っていることになります。一方、前年の結果を見直して、見逃しているリスクはないかを確認するとともに、予算やスケジュールの都合で今は「許容している」ものなど、まだ手がつけられていないリスクに対策を打てば、前年よりリスクを小さくすることができます。

リスクを小さくするためには「許容している」リスクを見直していくことが必要です。リスクアセスメントの結果は、あくまでもある時点における判断にすぎません。一度リスクアセスメントを行ったことであっても何度でも見直し、優先度の高いものから取り組んでいけばいいのです。

※1 労働安全衛生法施行令、労働安全衛生規則、安全衛生特別教育規程の改正、および墜落制止用器具の安全な使用に関するガイドラインの策定

※2 ２０１９年２月１日施行、経過措置あり。条件により胴ベルト型（一本つり）の使用が可能。

(4) リスクを管理する

日常業務の中には多くのリスクがあり、その大きさも、大きなものから取るに足らないものまで様々です。どのリスクを許容し、どのリスクは許容しないか。どのリス

クから優先的に小さくしていくか。これを判断するためには、まずどのようなリスクがあるのかを皆で共有することが必要です。

例えば、事故やヒヤリハットのような形で、リスクが見えてくることがしばしばあります。まずはこのようにして見つかったリスクの情報を集めましょう。特にヒヤリハットは、事故のように悪い結果が生じていないという理由で報告されなかったり、報告されても軽く扱われたりすることがあります。しかしヒヤリハットは結果としてたまたま事故にならなかったというだけのもので、リスクが存在するという意味では事故と変わりありません。ヒヤリハットは重要なリスク情報です。

「運が良かった」

「状況が一つ違えば危なかった」

参考：厚生労働省 職場のあんぜんサイト

というケースを大切にしましょう。

またヒヤリハットに至っていなくても、日常業務の中で「これが問題だ」と気づくことがあります。そうした普段の気づきから、リスクを見つけることもできます。そのためには、一人ひとりの気づきを組織として受け止め、対処していくための仕組みが必要になります。何かが起きたときだけではなく、普段問題だと思っていることを、普段の業務の中でどう扱うかが大切なのです。

このようにして集まった情報をもとに、リスクを評価し、優先順位づけを行います。職場グループから組織全体までそれぞれの階層に応じて必要な情報を共有することで、リスクの優先順位を合意し、また残されたままになっているリスクを確認することができます。リスクを管理することにより、安全がどれほど向上したかを量的に確認でき、必要なときには関係者に説明することも可能になります。

(5) リスクはどこまで小さくするか

リスクをどこまで小さくすればいいのか。これには論理的な答えはありません。どの程度のリスクを許容するかということは、メリットとデメリットを勘案し、価値判断によって決められるものだからです。

あるリスクを許容するかしないかは、立場や考え方などによって異なるうえ、時代によっても変化します。そのため、リスクをどこまで小さくするかは、組織はもとより、社会を含むステークホルダー（利害関係者）との合意によって決まることになります。法令や民間規格は、ステークホルダーとの合意によって決められた、許容するリスクのレベルと言えます。これは最低限の要求事項であり、企業はそれを満足させる事業活動を行います。

その上で、組織としてさらに高い安全を目指すならば、自主的により高いレベルの安全を確保する努力をすることになります。そこには組織が安全に対してどの程度価値を認めているかが表れています。「社内ルール」は組織の意思に基づいて定められた「許容するリスクのレベル」と言えるでしょう。

リスクをどこまで小さくするかには、組織の内部においても、また社会の中においても、多くのステークホルダーが関わり、しばしば、その組織だけの判断では決められないことがあります。様々なステークホルダーと議論し、合意していくためにも、自分たちがどのような安全を目指しているのか、あるいは現在どのような安全を実現しているのかについて説明できる、科学的な事実を揃えていくことが大切です。どのように考えて機器や設備を設計し、どのような仕事のやり方で安全を確保しているか、リスクはどの程度なのかなど、客観的なデータが議論の基盤となります。このようなデータを整備していくことは、組織として、また組織に所属している一人ひとりの責務です。

どの程度のリスクを許容するかということは、それぞれの時点で決定せざるを得ないものです。しかし安全を向上させていくためには、いったん「決定した」ことであっても、それを見直し続けることが大切です。状況の変化を見ながら、リスクがより小さくなるように意思決定を常に見直していくのです。そしてそれが個人的な努力だけに任されるのではなく、誰もが自然とそのような行動をとれるような、具体的な仕組みを作っていくことが必要なのです。

ティーブレーク①

acceptable（許容できる）の意味

安全はある種の価値判断です。関係者の合意のようなものであり、論理的に決められるものではありません。その時その時の状況に応じて、リスクとベネフィット（便益）のトレードオフにより決められるのです。状況は変化するものであるため、リスクアセスメントは常に見直さなければなりません。許容するリスクのレベルは一点に固定したままにすることはできないのです。

状況には、技術的な水準、必要な財源、得られる便益の程度など、その時点の多様な事柄が含まれています。変化する事柄は多いのですが、現実にはある時点ある観点で、リスクのレベルを判断しなければなりません。それがacceptable（受け入れ可能な、許容できる）やtolerable（耐えられる、我慢できる）という言葉で表されているのです。

第二章

事故原因と安全文化

第一節　事故原因をどこに求めるか

産業が興って以来、私たちは、多くの事故を経験してきました。同じ事故を起こさないために、事故の原因を明らかにする努力が重ねられ、それによって、安全のための技術や考え方が進歩してきました。事故防止への取り組みの歴史を振り返りながら、安全のための考え方がどのように進展してきたかを整理してみましょう。

(1) 技術要因

産業の歴史を振り返ると、十八世紀にジェームズ・ワットが蒸気機関を発明してから今日まで、様々なハードウェアが開発され、利用されてきました。その中で私たちは、機器や装置の故障、破損といった、技術的な問題による事故を多数経験

しました。そしてその度に、機器や装置の安全性と信頼性を向上させてきました。

その結果、機器・装置の安全性、信頼性は飛躍的に向上し、ハードウェアの性能そのものが原因となる事故は、以前とは比べものにならないくらいに少なくなってきました。事故防止のためには、これからも技術的な安全性と信頼性を高めていくことが大切です。

(2) 人的要因（ヒューマンファクター）

しかしやがて、機器や装置の信頼性を高めるだけでは、事故は防ぎきれないことが明らかになってきます。１９７９年、米国ペンシルベニア州のスリーマイル島原子力発電所で、燃料損傷や構造物の溶融が発生し、放射性物質が外部環境に異常放出されるという事故が発生しました。この事故では、機器の故障や設計ミスといった技術的な要因に加えて、運転員の誤判断が重なったことが原因として指摘されました。そしてその誤判断の背景には、操作盤の表示が見づらい配置であったり、対処しきれないほどの警報が鳴ったりするなど、この発電所の当時の機器が、人間にとっての使いやすさが考慮されていない設計であったというマンマシンインターフェイスの問題や、運転員への訓練の問題なども見いだされたのです[3]。

この事故によって、事故は技術的な問題だけで起こるのではなく、操作ミスや判断の誤りといった人間の失敗、すなわちヒューマンエラーが事故の原因となることが認識されました。これを歴史的な流れで見れば、ハードウェアの不具合という技術要因そのものが原因となる事故が少なくなったことで、事故原因としてヒューマンエラーが相対的に目立つようになってきたとも言えます。

機器を設計し、操作し、メンテナンスするのは人間です。技術とはそれ単独で存在しているものではなく、常に人間と関わり合っています。原子力分野では、スリーマイル島原子力発電所事故を大きな契機として、事故を防ぐためには「人間」という要因、すなわちヒューマンファクターにも配慮する必要があることが認識

されました。

ヒューマンエラーが原因となった事故では、一見、エラーをした当事者に原因があり、もう少し気をつけていれば事故は起きなかったというように思えるかもしれません。しかし、注意だけでヒューマンエラーを防ぐことはできません。私たち人間には、身体的・生理的なものから、情報処理能力や感情といった頭や心の働きまで、様々な特性があります。いわば様々な〝能力の限界〟があるため、どれだけ意識や意欲が高くても、それだけでヒューマンエラーを防ぐことはできないのです。

ヒューマンエラーを低減するためには、「人間は必ずエラーをする生き物である」ことを認識することが出発点になります。人間にはどのような特性があるのかを知り、その特性を考慮した設計や作業環境、また、作業体制や手順といった仕事の仕方を整えることで、ヒューマンエラーの発生を抑えることができます。それと同時に、ヒューマンエラーが発生しても、事故につながらないようにしておくことも必要です。

「人間という要因に配慮する」とは、一人ひとりの意識や意欲に頼るだけではなく、人間の持っている様々な特性に合わせて、作業環境や仕事の仕組みを整えていくということなのです。

(3) 組織要因

1986年、旧ソ連ウクライナのチェルノブイリ原子力発電所において、出力が急上昇し原子炉内燃料が溶融ののち、水蒸気爆発するという事故が起こりました。事故原因として、チェルノブイリ型原子炉の安全設計上の問題に加え、国レベルから設計者・プラントレベルに至るまで原子炉の安全特性が理解されておらず、さらに運転員の教育が不十分であるなどの問題がありました[3][4]。

当時調査にあたった国際原子力機関（以下「IAEA」と表記）は、これらの問題の根底には、旧ソ連の社会的状況を背景に、「安全の意識が存在していないのではないかと思うほど、安全に重きを置かない状況」があったのではないかと指摘しました[5]。この発電所でも、組織として効率を優先するあまり安全が疎かにされ、業務上の判断や行動もその価値観に基づいて行われていたと指摘されたのです。

同じく1986年、アメリカ航空宇宙局（以下「NASA」と表記）が打ち上げたスペースシャトル・チャレンジャー号が打ち上げ数十秒後に爆発し、7名の乗員が死亡しました。この事故の直接の技術的な原因は、固体燃料補助ロケットの密閉用Oリングが低温により破損したことでした。このＯリングの致命的な欠陥は１９７７年から認識されていましたが、ＮＡＳＡの組織文化や意思決定過程にあった問題により、対処されていませんでした。また打ち上げ当日にも、技術者たちからは気温が異常に低いため打ち上げは危険だとの警告が出されていましたが、その警告は組織の上層部には取りあげられなかったのです。

組織の中で活動する人間の行動は、組織がどのような運営を行っているかによって大きく左右されます。一人ひとりの安全に関する判断や行動は、組織が安全に対してどのくらい価値を認めているかに影響を受けているのです。

従って、組織で働く一人ひとりが安全を重視した判断や行動をとっていくことは、個人的な努力だけで叶えられるものではありません。事故を防ぐためには、組織全体の安全に対する価値観の問題として、取り組んでいくことが必要なのです。

まとめると、技術要因、人的要因、そして組織要因は、事故の再発を防ぐために、事故原因をどのように捉え、どういった対策を講じていけばよいかを探求する中で見いだされてきました。

事故原因や再発防止対策は、初めは、純粋な技術の問題と捉えられたでしょう。しかし事故を防ぐためには、「技術」だけでなく、それに関わる「人間」という要因も考慮する必要があります。機器・設備を扱うのは人間であり、技術について考えるときは、それを扱う人間を含めて考えなければなりません。

さらに組織の中で活動する一人ひとりの行動は、組織がどのように運営されているかに影響されています。そのため、技術や人間について考えるときには、それらに影響を与える組織の問題を含めて考える必要があります。事故防止のためには「組織」という要因まで考慮する必要があるのです。

このように、事故防止の考え方は、事故原因や再発防止のために考えなければならないことの「系（範囲）」が拡大してきたことで進歩してきました。さらに最近は、過去の事故から教訓を得るだけでなく、将来、起こり得る事故の可能性を予測して、防止対策や起こった時の対処法を考えておく必要があるとされています。技術にはそれを扱う人間が関わり、またそれらは共に組織の影響を受けているという考え方は、将来の事故防止にも役立てることができます。

第二節　組織文化とは何か

(1) 組織によって「普通」が違う

組織要因に関しては、これまでにいろいろな活動が行われてきました。まず、組織のトップが安全を重視するという意思表明をするとともに、安全に関わる部署を新設して体制を充実したり、作業の手順書など仕事のルールを整備したり、といった活動が行われることが多いようです。皆さんの組織でも、既に行われているものもあるのではないでしょうか。これらの活動が安全を以前よりも向上させたことは疑いありません。

それでも、組織における日常業務や関連する種々の活動の中で、次のような例が見られることはありませんか？

ここに、同じ企業で別の組織（事業所）に勤務する、二人の職員がいます。

A事業所に勤めるaさんは、どんな些細な労災の情報でも報告しています。些細な情報でも事業所全体で共有することで、構内の危険な場所や仕事のやり方の良くないところなどがわかると考えています。

一方B事業所に勤めるbさんは、軽いケガくらいであれば、おそらく報告しません。労災を起こすと上司からたるんでいるからだと叱られるとか、労災が起きたとなればその処理に伴う業務が増えて、皆に迷惑がかかるなどと思い、軽いケガくらいなら自分だけにとどめておくほうがいいと考えるのです。

このようなことは、一般的にaさんやbさんの個人的な特徴のように見えます。しかしよく観察してみると、A事業所ではaさんのような考え方が普通で、B事業所ではbさんのような考え方が普通なのでした。

A事業所では、普段から事故情報はもちろんのこと、ヒヤリハットやその他の些細なことでも報告するのが普通です。小さなことで

も報告すれば、上司からも歓迎されると職員は感じています。そして、報告によって集められた情報には検討が加えられ、リスクに対して適切に対策が打たれています。こうした組織では、些細なことだからとか、面倒だからとかで報告しないことのほうが問題となります。だからA事業所では、誰もが小さなことでも報告するのです。

一方、B事業所では、些細なケガ程度なら黙っておくのが普通です。この事業所では、報告することを職員にためらわせるような雰囲気があるのでしょう。例えば、労災を報告すると不注意だと怒られたり、仕事を増やして迷惑をかけてしまうという気持ちになったりする状況では、余計なことはせず、些細なことであれば何もなかったことにしておいたほうがいいと考えても不思議はありません。

このように見ていくと、ある特定の組織に属する人たちの考え方や行動の仕方には共通性があることがよくあります。私たちは自分の行動を自分で決めているようでいて、実は組織が「普通」「常識」などとしていることの影響を受けて、行動が決まっているのです。

(2) 組織文化と安全の関わり

社会や組織の構成員が共有している行動様式や物質的側面を含めた生活様式を「文化」と呼びます[6]。組織の文化の特徴を最も鮮明に感じることができるのは、ある組織に属していた人が社内異動や転職などで別の組織に入り、それまで自分が持っていたものとは違う考え方や習慣に触れた時です。

例えば、

「以前の職場では、何かあればすぐに相手の部署まで行って、膝を突き合わせて意見のやり取りをしていたし、職場にはいつも大きな話し声が聞こえていたが、新しい職場では、互いに席を訪ね合うことは少なく、連絡は電子メールが中心で、皆黙々と仕事をしている。」

「以前の事業所は工場内の作業スペースが狭く、作業場所の取り合いを調整するのが一苦労だったが、どこもきっちりと整頓され整然としていた。今の事業所は、工場の作業スペースは十分に確保されているが、いたるところに機材や治具が置かれており、雑然とした印象を受ける。」

など、組織によって、雰囲気や仕事のやり方が違っていると感じることがあります。その時私たちは、違和感といったものを通して、まさに組織の文化を感じているのです。

しかしその違和感は、新しい組織の一員として日常業務を行ううちにいつの間にか感じられなくなるか、あったとしてもそこでのやり方に段々となじんでいくでしょう。

入社当初には元気な声で目立っていた新人が、次第にその職場に合った声のトーンになっていくように、組織の一員になった人の行動は、周りの状況に合ったものになっていきます。組織の仲間として受け入れてもらえるように積極的に行動を変えることもあれば、本意ではないが合わせざるを得ないという場合もあるでしょう。また、自分でも気づかないうちに、行動や考え方が変わっているということもあります。

このように、組織で働く私たちの判断や行動は、組織の文化の影響を受けています。安全に関する判断や行動についてもそれは同様です。もし組織の文化が、労災などの悪い情報はできるだけ表に出さず、大ごとにならないように収めようというものであれば、小さな労災も報告するように求められていたとしても、おそらく誰も報告しようとは思わないし、思ったとしても報告することは難しいでしょう。

組織の文化は、まるで行動規範のように、組織の構成員のあらゆる判断や行動を方向づけています。一人ひとりが安全に配慮して仕事をするためには、個人にその努力を求めれば済むことではなく、組織全体の課題として取り組まなければなりません。

これまでに、事故を防ぎ、安全を向上させるためには、技術要因、人的要因、組織要因を考慮する必要があることを見てきましたが、事故の要因を考える際には、文化の影響についても考慮する必要があるのです。

第三節　安全文化という新たな目標

(1) 安全文化の定義

原子力分野では、１９８６年のチェルノブイリ原子力発電所事故を受け、安全文化の重要性が強く認識されました。そして１９９１年、ＩＡＥＡは安全文化を次のように定義しました[7][8]。

原子力発電所の安全問題にはその重要性にふさわしい注意が最優先で払われなければならない。安全文化とはそうした組織や個人の特性と姿勢の総体である

定義は「安全に関する問題に、何はさておき、まず最初に注意を向けること（overriding priority）」としています。つまり、原子力の安全問題は非常に重要なことであるため、他のどんなことにも優先して、安全に関する問題に十分に注意を向けることを求めているのです。

これは、いわゆる「安全最優先」とは異なります。

安全最優先とは、何かを判断するときに「いかなる場合も安全を最優先せよ」ということであり、これを実行しようとすると、安全に対して無制限にリソースを充てなければならないということになります。しかしながらリソースには当然限りがあり、安全だけに全てを配分するわけにはいきません。

現実には私たちは、安全や効率性、経済性など様々なもののバランスの中で判断を行っています。そのため「安全最優先」は、現実的には実現可能な目標ではなく、実質を伴わないスローガンのように扱われることになりがちです。

それに対して、ＩＡＥＡが示した安全文化の定義は「安全に関する問題に、まず最初に注意を向けること」としています。これは実現可能なことです。そして、そこで見つかった安全上の問題に対して当然必要な処置を行いますから、安全文化

安全文化とは

「安全に関する問題に、何はさておき、まず最初に注意を向ける」という行動が自然に行われるようになった姿のことをいう

の考え方には、問題を改善し、安全を継続的に向上させていくという方向性が含まれています。

このとき、第一章で見た「リスク」の考え方を用いることが適切です。つまり、危なさを量的に捉えることによって、「リスクを半分にする」とか、「リスクを１／３にする」と考えることができるようになり、少しずつであっても継続的に安全を向上させていくという考え方が可能になるのです。リスクの考え方を用いなければ、「安全か危険か」という〝一かゼロか〟の考え方になりがちであり、少しずつでも継続的に危険を取り除き、安全を向上させていくという行動にはつながりにくいのではないでしょうか。

ＩＡＥＡは、チェルノブイリ原子力発電所の事故を受け、原子力発電所を安全に運営していくためには、安全文化が必要であるとしました。ＩＡＥＡが示した安全文化の定義は、原子力分野における新たな目標と言えます。この新たな目標が求めているのは、定義のような行動が自然に行われる組織であることであり、リスクの概念を用いることでそれが可能になると言えます。

(2) リーダーシップとマネジメント

安全文化の定義に示された姿を実現するには、新たな行動を起こさねばなりません。一般に、組織の活動はリーダーシップとマネジメントによって進められます。特に、組織において何かを変えようとするときには、リーダーシップが不可欠です。

リーダーシップやマネジメントの機能は様々に説明されていますが、ここでは家を建てるときになぞらえて考えてみます。家を建てるためには、まずどのような家を建てたいかを思い描くことから始まります。「このような家を建てる」という方向性（目標）を示すことがリーダーシップの機能です。

次に、思い描いた家を具体的に形にしていくために、設計図を描き、工事を差配していくことが必要になります。リーダーシップによって示された方向性（目標）を実現していくことがマネジメントの機能です[9]。

家を建てるためには「このような家を建てるという方向性（目標）を示す」ことと「示された方向性（目標）を実現する」ことの二つが必要であるように、組織の活動はリーダーシップとマネジメントの両方の機能によって進められます。そして、特に、新しいことを行うときには、「方向性（目標）を示す」というリーダーシップが欠かせないのです。

(3) リーダーとは誰か

リーダーシップを発揮する人をリーダー、マネジメントを行う人をマネージャーといいます。企業組織においては、一般に「マネージャー」は業務上の職位と結びついています。なぜなら、社長は社長、課長は課長の権限の中でマネジメント機能を発揮するからです。

一方、「リーダー」は職位によって規定されているものではありません。リーダーとは、「組織構成員であって、今後の見通しや目的を示したり、チームの目標を定めるなど、他の構成員をリードし、指導し、感化する者」であり、いわゆる役職者だけでなく、「他の構成員を感化する個人」は職位に関係なくリーダーであると定義されます[10]。

組織の経営者・管理者はマネージャーなので、当然、安全のためのリーダーであることが求められます。社長であれば組織全体を、課長であれば課全体を引っ張っていくマネージャーであり、リーダーであるはずです。また役職者ではない一般社員でも、ベテランとしてグループを率いていればそのグループ員に、あるいは業務を委託していれば委託先の会社にリーダーとして影響を与えているといえます。

なかでも経営トップは、組織の変革を始めようとする意思決定者であり、そのリーダーシップがなければことは始まりません。ただしトップ一人のリーダーシップだけでは、大きな組織を動かすことは困難です。経営トップは経営幹部へ、経営幹部は現場の管理者へと、カスケード式にそのリーダーシップを伝達し、組織全体に行き渡らせることが必要です。

そして経営者や管理者は、それぞれの役割に従ってマネジメントを行っていきます。こうして組織は、目的達成に向けて最大限努力していくことになります。リーダーシップを組織全体に行き渡らせるためには、多くのリーダーが必要です。それを育てていくのも、マネジメントの役割です。

ティーブレーク②

文化の観点から安全を考える

事故は様々な要因が重なり合い影響し合って発生するものです。事故を技術的な視点から見たらどうなるか、ヒューマンファクターの視点から見たらどうなるか、そしてそれを組織管理的な視点や文化の視点から見るとどうなるかという見方が、事故の原因を探る見方です。安全文化は、従来の事故原因を考える視点である「技術・人・組織」に加えて、「文化の観点から事故を語る」という新たな視点なのです。

安全文化については、「ある、ない」、あるいは「健全である、劣化している」といった議論に終始することなく、私たちの行動に強く影響を与えている、自分たちの組織の安全文化はどのような姿かを考えることが必要です。そしてどのような行動が今の文化を生み出したのか、問題となった行動について今後どのような行動を行えば改善することができるのか、それを考え実行することで、結果として組織の健全な文化、つまり健全な「姿勢や態度」が育成でき、安全が向上していくのです。

このことは、大きな事故に限らず、日常の小さなトラブルやヒヤリハットなどにおいても同じように考えていくことが大切です。

第三章

安全文化を理解する

第一節　安全文化は組織文化の安全に関する側面

組織にはそれぞれの文化があり、組織の一人ひとりの判断や行動に影響を与えています。これを絵で表すと次のようになります。

組織文化は
一人ひとりの判断や行動に
影響を与えている
組織文化

組織文化が組織の一人ひとりの判断や行動に影響を与えることは、安全に関しても同様です。組織文化は安全にプラスとなる影響を与えることもあれば、安全を阻害することもあります。つまり安全文化は、組織文化の安全に関する側面なのです。

従って「安全文化を育成する」とは、現状の組織文化を、より安全に寄与するものに変えていくことです。ＩＡＥＡの示す安全文化の定義は、組織文化がどのようなものであることが望ましいか、つまり健全な安全文化とはどのような姿であるかを表したものであり、組織が目指す安全文化の目標と位置づけられます。もちろん組織自らが、目標とする健全な安全文化の姿を定めることも良いでしょう。

そのような目指す姿に向かって現状の組織文化を変えていくために、文化がどのように形成されるか、そしてどうすれば文化を変えることができるかを見ていきます。

なお、安全文化については「醸成する」という表現がよく用いられますが、本書では健全な安全文化を組織として積極的に目指していくことを強調して「育成」という言葉を使います。

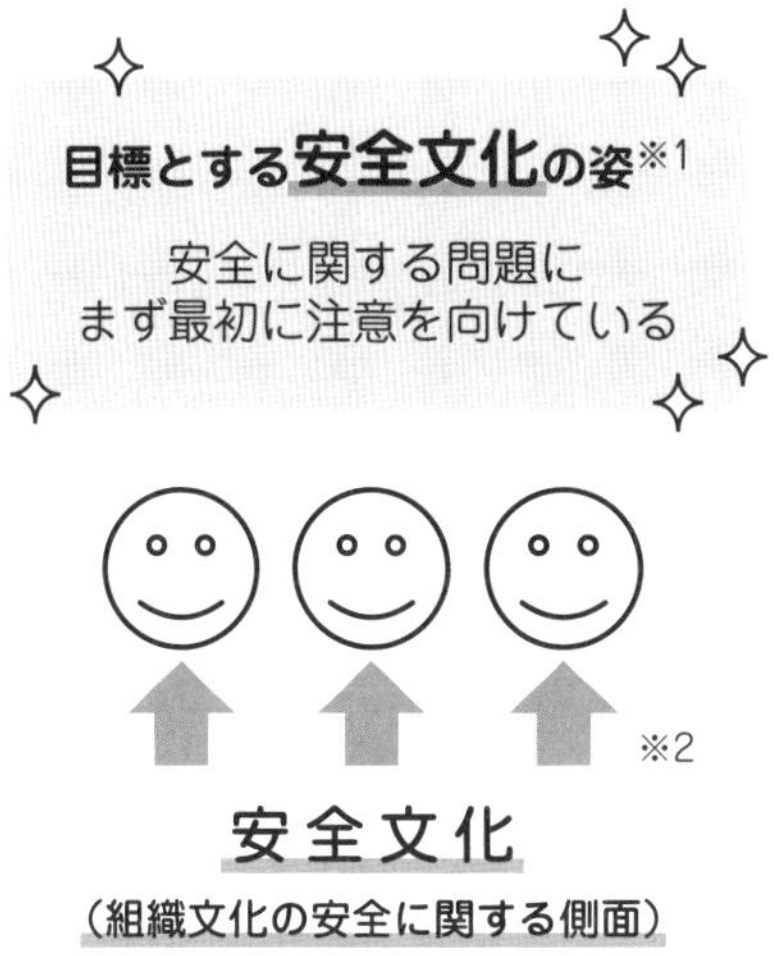

※1 本書ではIAEAの安全文化の定義を「目標とする安全文化の姿」としています。

※2 本章第一節以降の説明では、組織構成員の判断や行動も「文化」ですが、図は、文化が組織の一人ひとりの判断や行動に影響を与えているということのみを示します。

第二節　組織文化のモデル

私たちは社会生活の中で、長年にわたり、いろいろな行動を繰り返してきました。失敗した行動は繰り返さなくなり、うまくいった行動は習慣として残り伝承されてきました。この習慣の集まりが文化であるという言い方もできます。

組織の文化というものを理解するために、わかりやすくモデル化して考えてみましょう。安全文化を定義したＩＡＥＡは、安全文化を考えるにあたって、米国の心理学者Ｅ・Ｈ・シャインの組織文化のモデルを取り入れています。

(1) 文化の三つのレベル

シャインは図2のように、文化を三つの階層（レベル）に分けて説明しています[11][12]。

レベル１「人工物と行動」

建物、挨拶習慣、服装、呼び掛け方など、目に見え、観察可能なもの。組織の構造や仕事の仕方なども含む。

レベル２「標榜されている価値観」

言い習わし、教訓、指針、言い伝え、信条、心得、原則、社訓など、正しいと言われていること。丁寧に聞き出さないとわからないものも多い。

レベル３「背後に潜む基本的前提
（暗黙の行動規範）」

意識できないほど当たり前の信念・認識・思考・ものごとの受け止め方。証

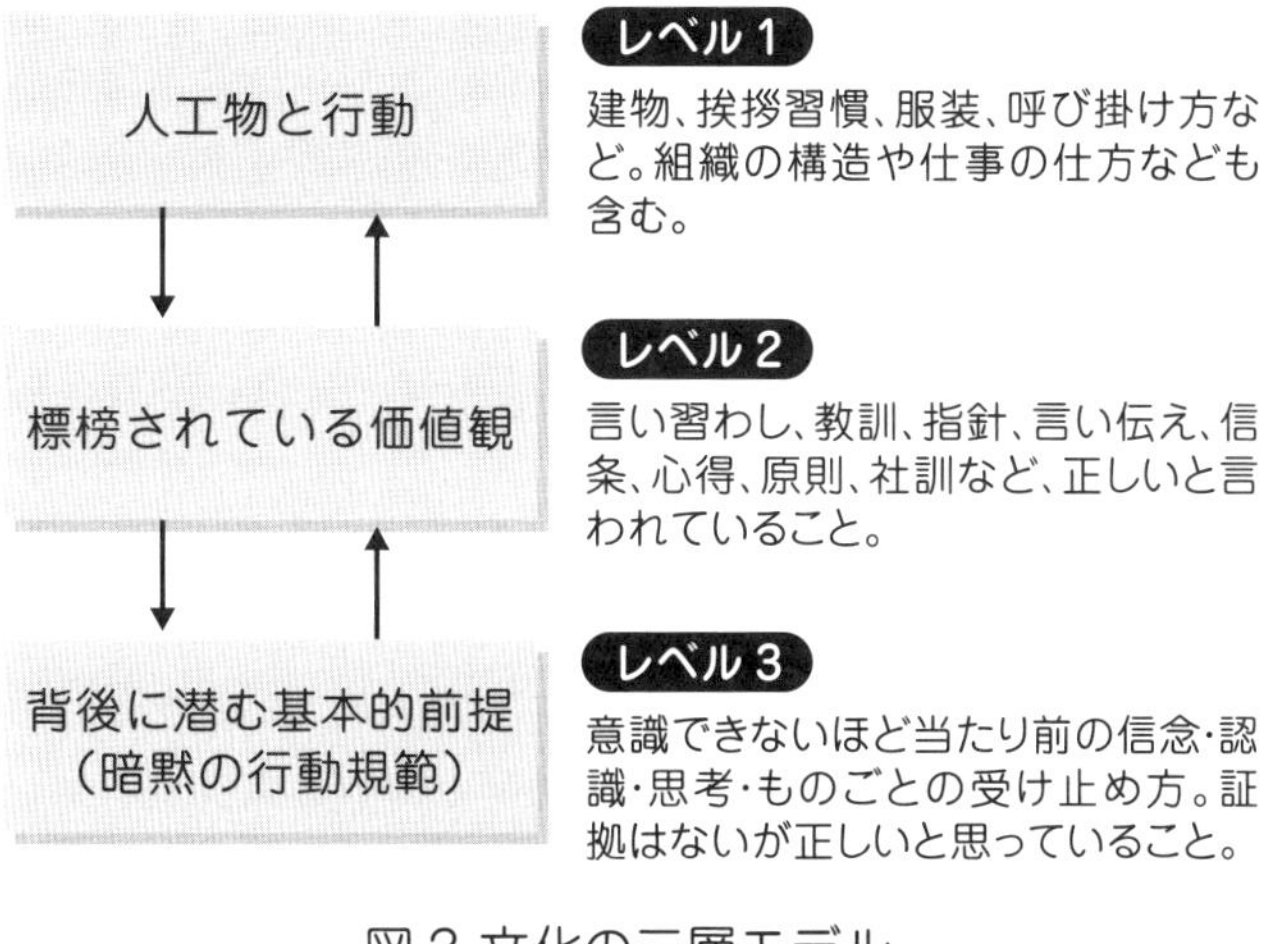
人工物と行動
レベル１
建物、挨拶習慣、服装、呼び掛け方など。組織の構造や仕事の仕方なども含む。
標榜されている価値観
レベル２
言い習わし、教訓、指針、言い伝え、信条、心得、原則、社訓など、正しいと言われていること。
背後に潜む基本的前提
（暗黙の行動規範）
レベル３
意識できないほど当たり前の信念・認識・思考・ものごとの受け止め方。証拠はないが正しいと思っていること。

図２ 文化の三層モデル

拠はないが正しいと思っていること。通常は暗黙のもので、意識せずに形成されている。

それぞれのレベルをもう少し詳しく見ていきます。

レベル1「人工物と行動」

組織の文化を観察したときに、もっとも表層に見られるのは、職場の物理的な環境や組織メンバーの行動など、「目に見えるもの」です。

作業スペースは整然と片付いているのか、散らかっているのか。どのような装置が設置されているか。メンバー一人ひとりがどういった行動をしているか。ミーティングでは何が行われているか。組織体制や仕事の仕組みはどのようなものか……など、目で見て観察することができるのが、文化のレベル1です。

レベル2「標榜されている価値観」

レベル2は、組織のメンバーに

「あなたはなぜこういう行動をしているのですか」

とたずねたときに答えとして返ってくる考え方や判断の基準など、その組織で標榜されている価値観です。いわゆる社是のような形で明文化されていることもあれば、明文化はされていないが、大切にされている考え方、判断基準であることもあります。あるいは、「こうあるべき」という目標や考え方であることもあるでしょう。そのため、メンバーに問いかけて返ってくる答えは、実際の行動と一致していない場合もあります。

レベル2は、組織の構成員がレベル1の状況を言葉で説明しているものと言え、文化の伝承（教育）のために使われるものです。また、よく言われる「安全第一」や「整理整頓」など、こうありたいという標語もレベル2に含まれます。

レベル3「背後に潜む基本的前提（暗黙の行動規範）」

レベル3は、組織において当たり前とされている物事の考え方、やり方で、当たり前すぎて意識もできないようなものです。

私たちは、自分の組織の特徴をある程度までは説明することができます（レベル1、レベル2）。けれども、同じ組織に属していない人が入って会話をしたり、一緒に仕事をしたりすると、私たち自身がそれまで認識していなかった特徴を、ズバリと言い当てることがあります。日本人は、外国の人に指摘されて初めて、自分が当たり前にやってきたことを認識し、それが自分たちの文化であることに気づかされてきました。それと同じように、自分たちの組織が何を「当たり前」としているかを自分自身で認識することは難しいのです。

このような、組織において当たり前とされている（当たり前すぎて意識できない）物事の考え方、やり方を、背後に潜む基本的前提と言います。これまでの記述の中で「当たり前」とか「普通」という言葉が出てきましたが、これは「背後に潜む基本的前提（暗黙の行動規範）」のことと言えます。

この三つのレベルの総体を文化と呼ぶわけです。

(2) 文化の形成されるプロセス

図3は、図2に示した「文化の三層モデル」の各レベル間の下向きの矢印を強調したものです。下向きの矢印は、文化が形成されるプロセスを表しています。それは箇

単に言えば、次のようなものと考えられます。

①いろいろな行動（レベル1）が行われる中で、こうしたらうまくいく、こうするとうまくいかない、ということを経験として学び、うまくいかない行動は淘汰され、うまくいった行動が繰り返される。

↓

②うまくいった行動や考え方が言葉で言い表され、組織のメンバーに伝えられ、伝承されていく（レベル2）。

↓

③①②が繰り返され、習慣化することで意識されなくなり、暗黙の行動規範（レベル3）が形成される。

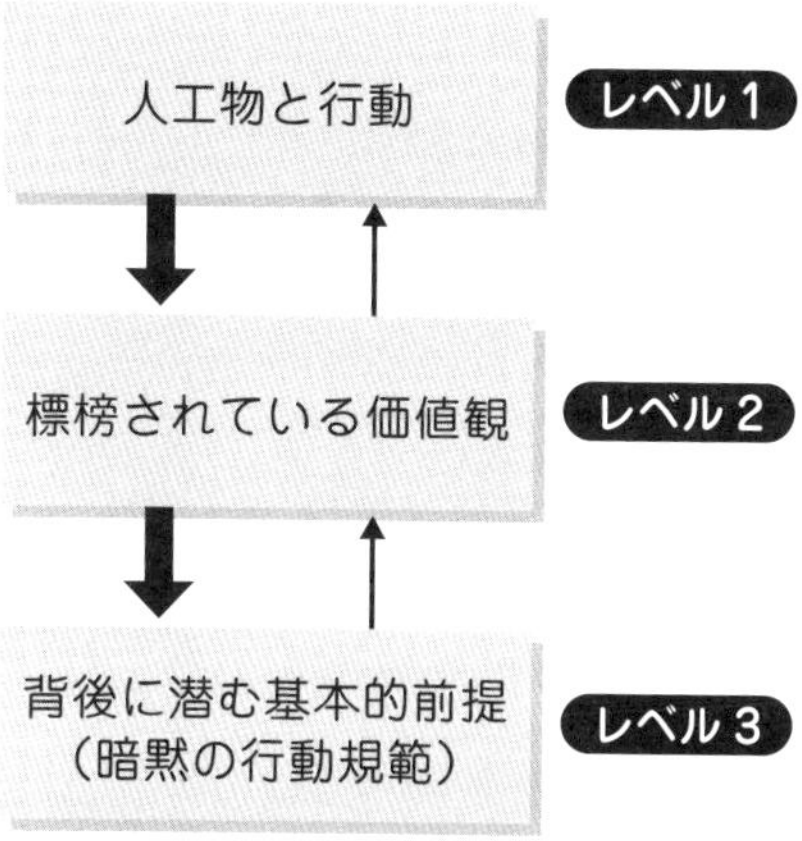

文化の「レベル 3」の形成プロセスを太い矢印で示す

図 3 文化の「レベル 3」の形成プロセス

文化には、「うまくいったこと（成功してきたこと）」の集積が文化になっていくという性質があります。どの組織にも達成したい目標があり、それに向かって活動しています。多くの試行錯誤を経て、うまくいくやり方が探り当てられ、次第にそのやり方が定着していきます。特別意識することもなく、そのやり方を自動的にするようになるのです。いわゆる「習慣化」とは、このプロセスのことと言えるでしょう。

日常業務には、安全や効率性、経済性など様々な要素が関わり、私たちは常にそれらの間で試行錯誤し、時には葛藤しながら、日々の仕事を行っています。どのようなやり方が「うまくいく」のかは、その組織の業種や置かれた状況、経営者や管理者の考え方など、様々な要因によっても変わります。いずれにしても、日常業務の中で「うまくいくやり方」が習慣化し、組織における「普通」のやり方となることで、組織の文化が形成されます。仮に上司による偏った判断のなかで仕事が行われ、それが長く続き習慣化すると、その部署ではいつのまにかそのやり方が正しいやり方と思われるようになってしまうこともあるのです。

(3) 文化の「レベル3」による影響

次に、形成された文化が組織の構成員にどのような影響を及ぼすか考えてみましょう。図4は、図2に示した「文化の三層モデル」の上向きの矢印を強調したものです。上向きの矢印は、文化の「レベル3」が、「レベル2」や「レベル1」に影響を与えていることを表しています。同じく「レベル2」も「レベル1」に影響を与えています。組織に所属している私たちは、知らず知らずに、組織文化の「レベル3」、すなわち暗黙の行動規範に影響されており、それが言動や仕事の仕方として表れているのです。

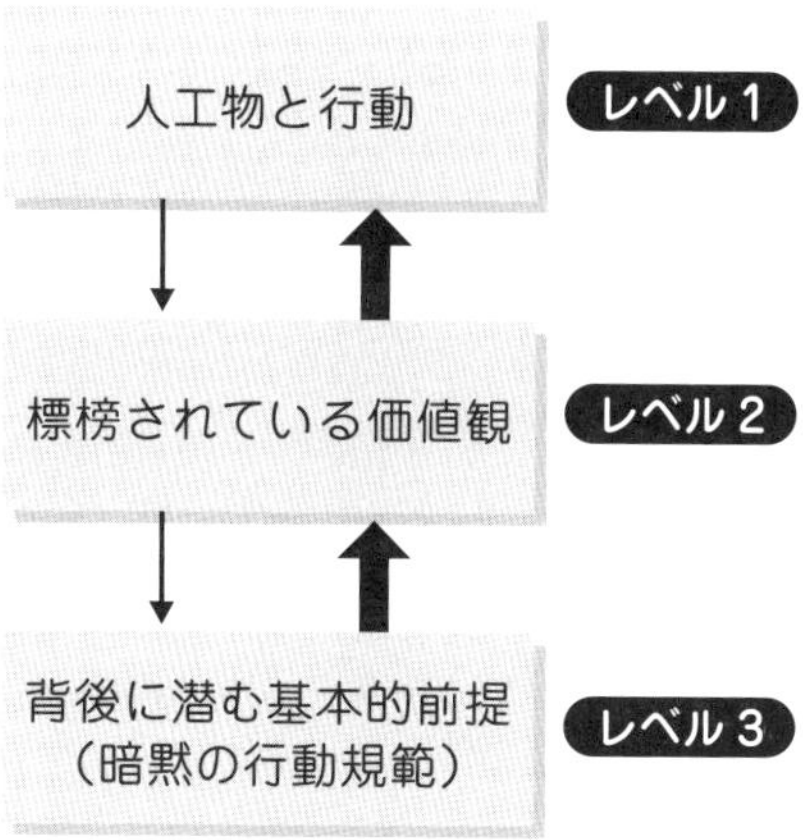

「レベル3」や「レベル2」の影響を
太い矢印で示す

図4 文化の「レベル3」による影響

文化の「レベル3」は、言うなればこれまでにうまくいったやり方が暗黙の行動規範となったものであり、文化の影響力の源泉と見ることができます。

今、組織で「普通」「常識」とされていることは、過去に「このやり方でうまくいった」「仕事が無事にすんだ」というやり方の集積であって、これに従っていればおよそうまくいくと信じられているものです。そのやり方は、組織が経験し学習してきた結果探り当てた、いわゆる"最適解"と言えます。そして、自分たちはそのやり方で現在までの成功を手に入れられたのだから、これを維持することによって将来も成功が期待できるはずだ、と意識しないままに思い込んでいるのです。

もし組織のメンバーが"最適解"のやり方から外れたことをすれば、将来の成功を危うくする可能性があります。そのため文化の「レベル3」は、今までのやり方を維持するように、組織の構成員の判断や行動を統制していると見ることができます。組織の文化には、いわば"現状のやり方を維持させようとする"機能があるのです。

"現状のやり方を維持させようとする"ということは、裏を返せば、現状の文化に合わない新しいことは排除するということです。新たな改善活動に取り組んだときに、活動当初は盛り上がったとしても次第に活動が低調になり、期待した成果が得られなかったという経験はないでしょうか。そこには、文化の〝現状のやり方を維持させようとする機能〟が働いている可能性があります。現状のやり方は、今まで〝うまくいった〟最適解〟であり、致命的な問題もこれまで起こってきませんでした。「だからこれでいいのだ」と、私たちに無意識に現状を肯定させているのが「レベル3」なのです。

第三節　安全文化はどこに表れるか

組織の文化は日常業務の行われ方に表れています。日常業務において何をどのように実行しているか、様々な問題をどのように取り扱っているかなどから、組織の安全文化の特徴が見えてきます。

次の事例を見てみましょう。

この事業所では、製品の洗浄水に含まれる物質が所定の管理基準値以内であることを確認するため、一日一回、洗浄水のサンプリングと分析を実施しています。サンプル弁から洗浄水を採取する定例・定型の作業で、通常一人で作業を行っています。トラブルの当事者となったのは、若い頃からこの作業に携わっている熟練の分析担当者です。

その日彼は、いつもと同じように、複数の製造ラインの洗浄水をサンプリングしていました。各製造ラインのサンプル弁を一つずつ開け、洗浄水を採取し、弁を閉めるという作業を繰り返し、全ての製造ラインのサンプリングを終えると、採取した洗浄水を持って分析室に移動しました。

実はこのとき、彼は最後に操作したサンプル弁を閉め損なっていたのですが、そのことに気づかず、弁から洗浄水が流出し続けることになりました。サンプル弁からの流水量は少なかったので、この流出によって工場の洗浄水の系統に悪い影響を与えることはありませんでした。ただ、洗浄水には、微量の揮発性有害物質が含まれており、流出が続いたことによって、有害物質が工場外部に排出されることになりました。

このトラブルを受けて、工場では調査を行いました。

すると、このサンプリング作業は数名の職員が持ち回りによって行っていること、そして職員によってサンプル水の採取手順が異なっていることがわかりました。作業手順は、サンプル水を採取した後、サンプル瓶の

キャップを閉め、それを試料箱に収めるというものですが、職員の中には、次のような慎重な方法で作業している職員もいました。

・サンプル水を容器にとってキャップを閉めた後、容器を純水で洗い、最後に純水でシンクを洗う。これにより、容器やシンクに付着した有害物質を取り除くことができる（シンク内には純水の弁が設けられている）。

・シンクの上には、サンプル弁の開閉を赤（開）と緑（閉）のランプで示す表示灯がある。そこで、サンプリングが終了したら部屋の明かりを消し、真っ暗になった中で表示灯が全て緑色になっていることを確認することで、弁が閉じられていることを確かめる。

こういったサンプリングの詳細な手順は、職場内では共有も共通化もされていませんでした。

職場にはサンプリングの手順書はありますが、分析の頻度や対象箇所が記載されているだけで、細かな手順までは書かれていません。なぜなら、この職場の分析担当者は誰もがベテランであり、たまに新人が入ってきたときには誰かが付きっきりで指導するため、敢えて詳細な手順書を作る必要もなかったのです。

またこの職場の人間関係は良好で、何か問題が生じれば、いつも全員で力を合わせて解決していました。他部署への対応も早く、工場の皆から信頼されている職場でした。

この事例から職場の状況を推察すると、分析担当者がベテラン揃いということもあって、お互いの仕事のやり方についてはあまり気に留めず、「皆がそれぞれにしっかりやっているだろう」というような認識になっていたのではないかと思われます。さらに踏み込むと、ベテランであることから互いを尊重するあまり、それぞれの仕事のやり方に、口を出さなくなっていたとも考えられます。

またこのサンプリング作業は、工場ができた初期には、作業方法が確立されていなかったこともあり、2～3人のグループで毎日サンプリング作業を行っていましたが、その後、機器・設備が更新され、作業方法の改善が図られたことで、グループではなく一人でサンプリング作業ができるようになっていきました。

このようなことから、この職場では、互いの作業のやり方を知ることもなくなっていたと思われます。

こういった状況を、安全文化という視点から考えてみます。

「安全に関する問題に、まず最初に注意を向ける」という健全な安全文化の姿に照らしてみると、サンプリングする洗浄水には微量とはいえ有害物質が含まれているにも関わらず、この職場ではいつの間にかそれを扱うことに慣れてしまい、危険なものを扱っているのだという認識が、個人としても、職場全体としても、低くなっていたのではないかと考えられます。

また、作業対象の危険度に対する十分な検討が行われていなかったとも考えられます。作業に対するリスクアセスメントが行われていなかったのかもしれないし、リスク評価のときに危害の発生確率や危害の程度を過小評価したのかもしれません。

このように、微量であっても有害物質を含む洗浄水をどこまで慎重に扱うか、安全に対してどこまで慎重であるかというところに組織の安全文化が表れています。IAEAによるINSAG－15[13]は「安全文化を簡単にいうと、『今ここで何らかの行為をする時のやり方』である」と指摘しています。「今ここで何らかの行為をする時のやり方」とは、シャインの文化のモデルで示される「人工物と行動（レベル1）」のことですが、それは「背後に潜む基本的前提（レベル3）」に支えられている文化の表れなのです。

第四節　組織文化を変えるには

現在の組織の文化は、自分たちの組織が生き延び、成長するのに適するように形成されてきたものです。現在の文化は、これまで組織が存続してくるには都合がよかったものと言えるでしょう。

しかし、組織を取り巻く状況が変化し、新たな目標が生まれ、その目標を達成するためには現在の文化が好ましいものではないとしたら、文化を変化させていかねばなりません。そうしなければ組織が存続することができないからです。安全を高めるという目標を達成するにあたって、現在の文化が適しているのか、それとも適していなくて阻害要因になるのか。組織の文化に目標達成を阻害している側面があるなら、それを変えていかねばなりません。

(1) 文化は変わる

これまでに見てきたように、文化の「レベル3（暗黙の行動規範）」は文化の影響の源泉と見ることができ、文化が変わるとは「レベル3」までを含めて変わることです。しかし文化の「レベル3」は、意識できないほど当たり前の信念・認識・思考・ものごとの受け止め方です。そういったものをどうすれば変化させることができるでしょうか。

組織の文化を変えていくためには、文化の形成されるプロセスと同じく、行動を積み重ね、習慣化させることが必要になります。新しい行動を長い間積み重ね、それが習慣化して普通のことになったとき、組織の暗黙の行動規範（「レベル3」）を含めた文化が変わっている —— 文化とはこのような形で変わるものと考えられます。組織の暗黙の行動規範といったものに直接働きかけてそれを変えることはできないため、文化を変えていくためには、文化が形成されるのと同じ過程を踏む必要があるのです。

次に示すのは、新しい行動が積み重ねられることによって、文化が大きく変わってきた例です。

かつて現場では「ケガと弁当は自分持ち」という言葉がありました。ケガは自分（作業者本人）の責任という考え方です。安全柵や安全装置など、細かな安全への配慮は生産性とは関係がないと思われていて、ケガをしたらそれは作業者の不注意であるというのが現場の「常識」であったと推測されます。

しかし現在では、企業や作業グループによって差はあるでしょうが、作業者に注意を求めるだけでなく、安全柵や安全装置といった作業環境を整備するなどで安全性の向上を図っていくことが、段々と組織の「新たな常識」や「普通のこと」になってきています。

このように、皆が「常識」と感じることが変わることが、文化が変わるということです。文化を変化させる一因に挙げられるのが法律の変更です。１９７２年、職場における労働者の安全と健康の確保、快適な職場環境の形成を促進することを目的とした、労働安全衛生法が施行されました。これにより労働安全の価値が明確にされ、法律の強制力を背景に、作業現場が大きく改善されることになりました。法律に対応するため、各組織は業務に関する規則や機器・設備、作業手順など、仕事のやり方を変更しました。その結果、図５に示すように労働災害による死亡者数が大きく減少しました。

新しい法律に合うように仕事のやり方を変えていく中では、最初は、そこまでやらなくてもいいのではないかという反発もあったでしょう。同時に、新しい仕事のやり方を続けるうちに、それによって作業者の安全が守られていることを実感し、やっていることの意味を理解して、より積極的に受け入れるようになることもあったでしょう。

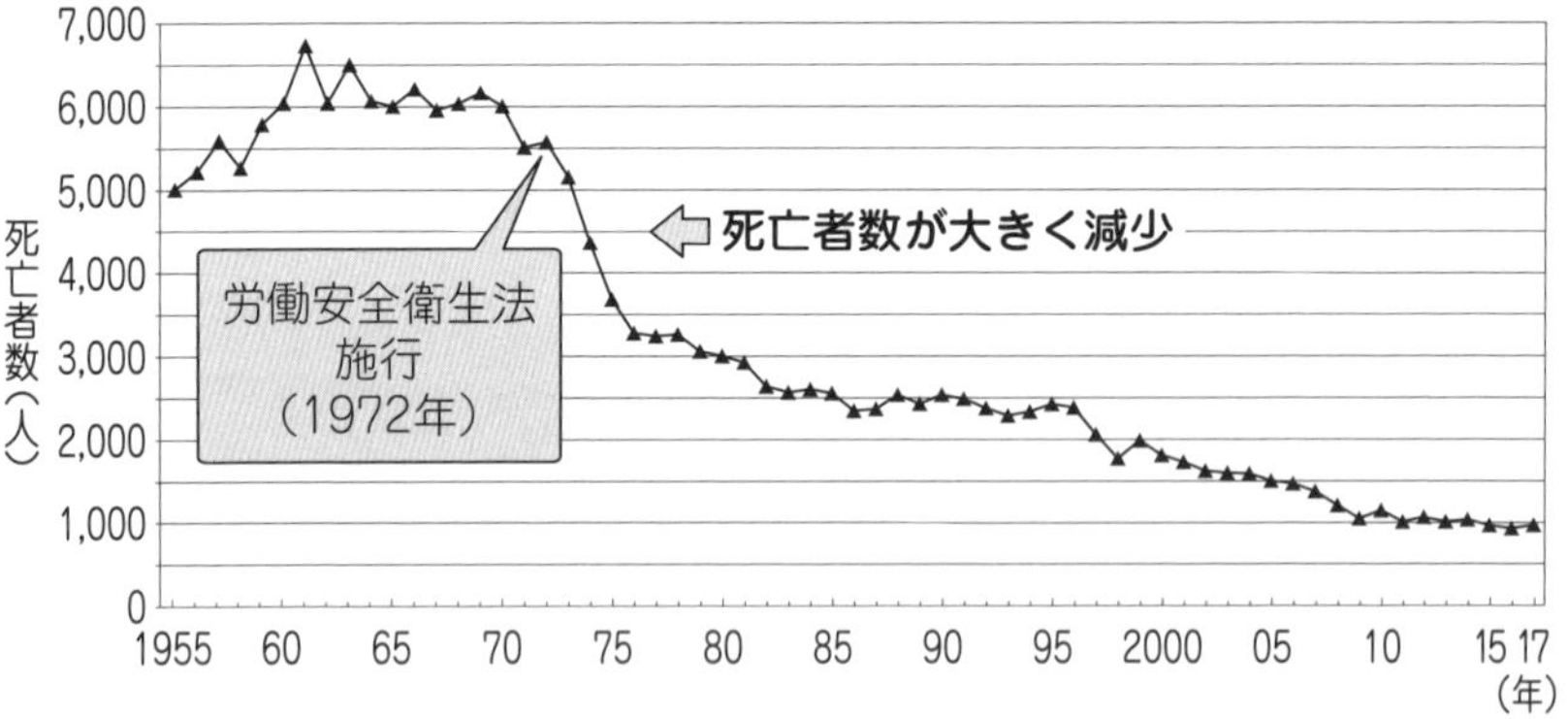

参考：厚生労働省HP

図５労働災害による死亡者数の推移

そのようにして新しいやり方を長く繰り返していくうちに、やがて新しい仕事のやり方が習慣化し、組織の暗黙の行動規範になっていきます。すなわち新しい文化が形成されるのです。

組織の文化が変わるとは、組織のメンバーに、新しい行動習慣を身につけさせることとも言えます。新しい行動が繰り返され、それが組織の中で当然に行われることになれば、文化が変わったと言えるのです。

これは、組織のメンバー一人ひとりに行動を変える努力を要求すれば済むことではありません。一人ひとりが望ましい行動をできるように皆を引っ張り、サポートしていくなど、組織としての運営の仕方も変えていく必要があります。

(2) 新しい行動を習慣にする

前項で見たように、法律改正によって作業現場の文化が変化してきたことを、図で整理します。

❶ 新たな目標を掲げる

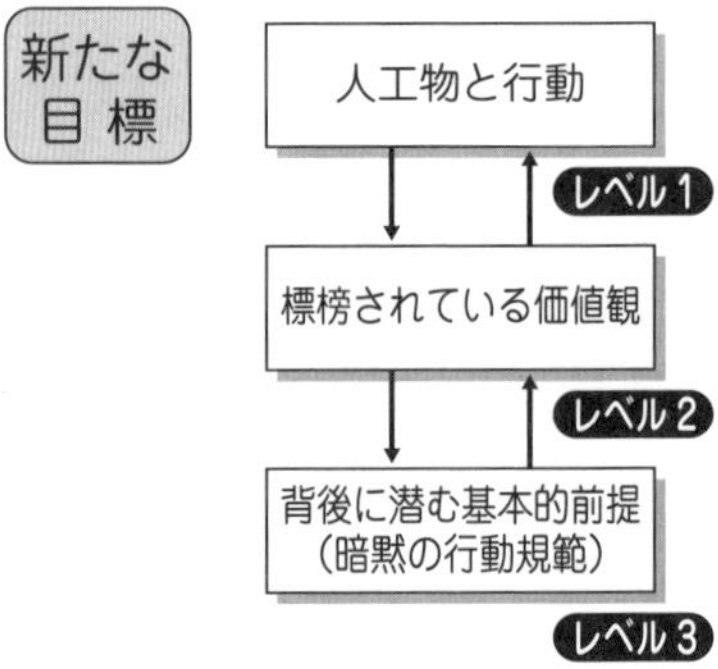

❶いわゆる"ケガと弁当は自分持ち"の文化は、上の「文化の三層モデル」全体に当たります。そこへ、法律改正によって「新たな目標」が示されました。

❷ 目標を行動として取り入れる

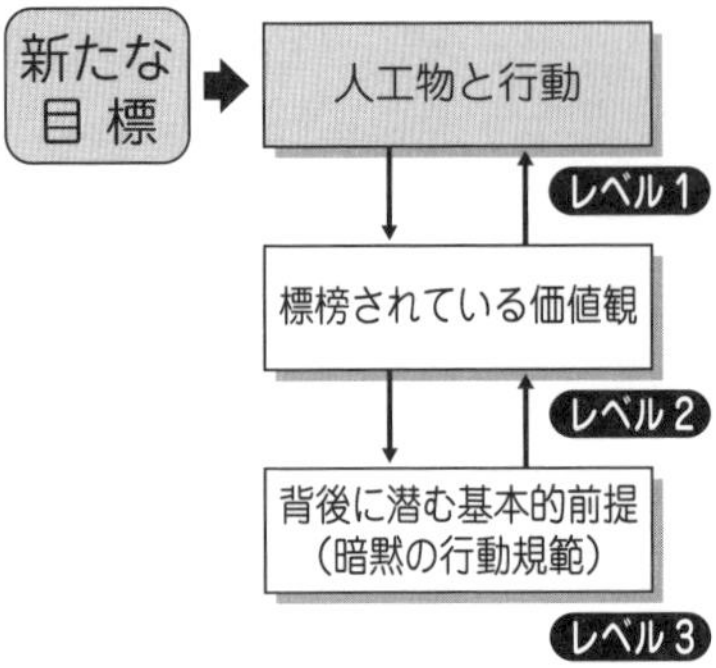

❷新たな目標（新しい法律）を受け、それに合った行動（レベル1）が繰り返し行われることになります。

❸ 行動が繰り返される中で、価値観が形成される

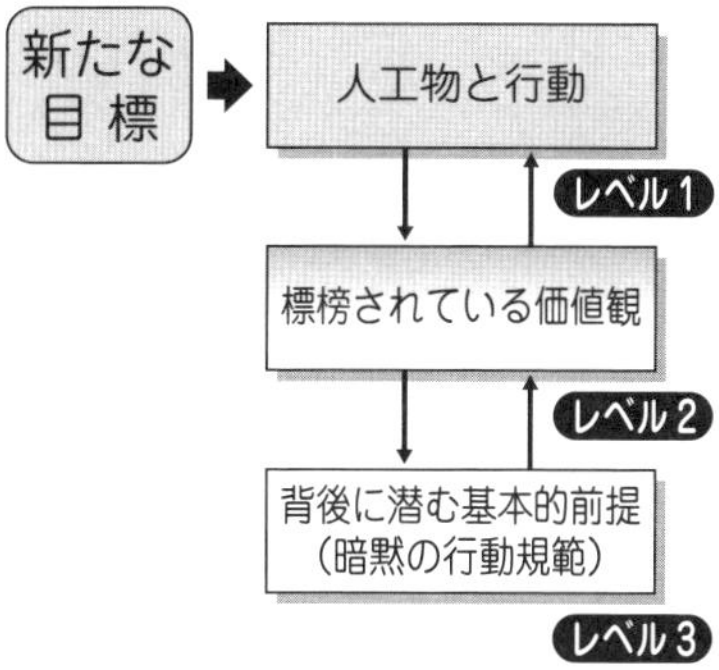

❹ さらに行動が繰り返される中で、行動が習慣化し、文化が変化する

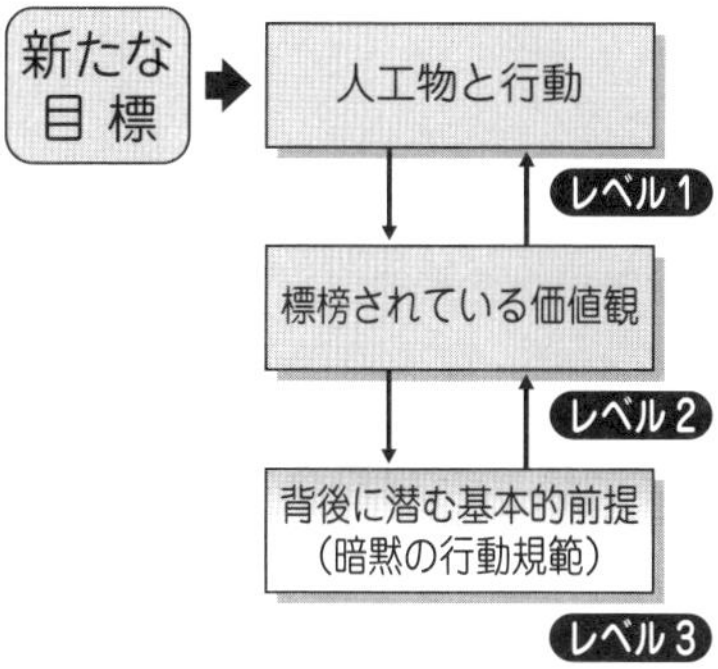

❸その行動が繰り返されるうちに、安全に関する新たな「価値観（レベル２）」が形成されます。

❹そして、やがて行動が習慣化し、「暗黙の行動規範（レベル３）」になります。つまり文化が変わったと言えます。

この作業現場の変化は、長い時間をかけて文化が状況に適応し、変化した結果です。一方、原子力分野においては、安全文化は事故の被害の大きさに鑑みて、より積極的に変革させなければならない状況に直面しています。

組織の安全文化を変革しようと考えたときには、文化の三層モデルは、組織の文化の現在の姿と捉えるとよいでしょう。組織の現在の「暗黙の行動規範（レベル３）」が「行動（レベル１）」を支え、また現在の「行動」が「暗黙の行動規範」を強固にしているため、文化は簡単には変わらないことを示唆しています。

これに対して、現状の文化を変えるためには、まず未来に向かって新たな目標を示すことが必要です。ＩＡＥＡが示す安全文化は「新たな目標」に位置づけられます。その目標に基づいた新しい行動が積み重ねられることによって、図で見たとおり、最初は白色だった文化のモデルに新しいインクの色が徐々に染み込んでいくように、新たな目標（健全な安全文化）が組織に浸透し、文化が変化していきます。組織の文化（安全文化）を変革するために必要なことは、新しい色のインク、すなわち新たな目標を示し、行動を繰り返させることによって、その目標を組織に浸透させていくことなのです。

私たちは直接「暗黙の行動規範（レベル３）」を変えることはできませんが、「行動（レベル１）」を変えることはできます。特に組織においては、マネジメント方針によって行動を方向づけたり規定したりすることができます。

ただし日常業務には、安全だけではなく、経済性や効率など様々な要素が関わっており、組織の構成員はそれらのバランスの中で判断や行動を行っています。このことを踏まえて、どうすれば安全にとって望ましい行動が繰り返されるかを考える必要があります。安全な行動をするように求めるだけで、仕事のやり方は変えなかったり、実際には安全以外のことを優先するような態度にとどまるのであれば、安全な行動が繰り返し行われることはありません。新しい行動が「組織における正しい行動」であることを身に染みて感じられるようにすることで、その行動は受け入れられ、積極的に繰り返されるのです。

文化は意外に柔らかく、強力なリーダーシップとマネジメントによって短時間に変化する可能性も持っています。しかし見てきたとおり、強固なものであり、変化させるためには時間が必要なものでもあります。

組織を新たな目標に向かわせるときには、リーダーシップが不可欠です。文化の変革を目指すには、まずリーダーが変革の必要性を示し、新たな行動の必要性を示さねばなりません。そして、こう変えるということを組織の構成員に納得させなければなりません。安全文化を定義したＩＡＥＡも、リーダーシップを非常に重視しています[14]。

さらに、リーダーによって示された方針を具体的に展開して、変革を実現させるのがマネージャーの仕事です。リーダーが示す方向性を組織全体に行き渡らせ、どのように行動を変えていくかを考えて、それに必要なサポートを行います。

特に、現状の文化にそぐわない新しい行動をするということは、抵抗感を持たれるのが通常のことです。文化には〝現在のやり方を維持しようとする機能〟があるので、新しいことをしようとすると、現在の文化と相容れない部分に対しては、文化はまるでヒトの免疫機能のように働いて、それを排除しようとします。そこで、新しい行動ができるような状況を整えることが、リーダーおよびマネージャーの重要な仕事になります。

例えば、安全についての問題に気づいているものの、問題が大きすぎたり、お金がかかりすぎたり、他部署にまたがる問題だったりという理由でそれを公式に議論できない職場だったとします。そこで、まず所長が

「安全の問題は何でも共有し、話し合おう」

と宣言し、それに合わせて、問題に対処する方法を工夫していくなど、少しずつでも仕事のやり方が変わっていけばどうなるでしょうか。リーダーシップによって変化が始まり、マネジメントによってその方針が具体化されて仕事のやり方が変わり、それらの行動が「安全にとって適切な行動である」と感じられることによって、一人ひとりが積極的にその行動を実践するようになります。

あるいは、「法令や社内ルールに定められた最低限の基準を守っていればいい」という考えで仕事をしていた組織が、トップのリーダーシップにより、日常業務の中で少しずつでもリスクを小さくするように仕事のやり方を変えたとします。その結果、軽微な労災やエラーによる不具合が減少したり、仕事がやりやすくなったりといった経験を積み重ねていくうちに、そうした仕事のやり方が定着し、組織の「常識」が変

化します。

組織の構成員に新しい行動をとってもらうための方策は、システムを改修したり、仕事の仕組みを変更したりすることかもしれませんし、自分たちの組織が持っている暗黙の行動規範を理解することが必要になるかもしれません。新しい行動の意味を説明して理解してもらう努力や、行動のハードルを下げて実施しやすくする工夫も大事です。どのような方法がいいのかは、自分たちの組織に合わせて考えていくことが大切です。

なお、ここで示した労働安全衛生法の例やＩＡＥＡの安全文化の定義は、法律や外部機関から示された新たな目標の一つの例です。自分たちのなりたい新たな姿があれば、それを目標に組織の安全文化の変革を目指すことができるでしょう。

ティーブレーク③

文化の考え方をマネジメントに活かす

近年、「安全文化（Safety Culture）」に代わって、「安全のための文化（Culture for Safety）」という表現がしばしば用いられます。その背景には、安全を向上させていくためには、文化への理解が重要であると考えられるようになってきたことがあります。

文化の捉え方にはいろいろな立場があると言われています。例えば本書で取りあげているシャインの考え方は、機能主義的な文化論と言われ、組織構成員の価値観が揃っている状態を強い文化と言い、強い文化が好業績につながるというものです。そのような文化を創造する管理者のリーダーシップが重要視され、マネジメントが強調されます。組織を何らかの方向に向けて意図的に動かしたいときには、文化のこのような捉え方が有用なものであり、ＩＡＥＡもこの考え方を採用したのだと思われます。

一方、組織に属する人たちがなぜそのように行動しているか、彼らがどう思っているのか、どう感じているのか、ということを基本に文化を理解しようとする考え方もあります。なぜそういう行動をしているのかがわかれば、行動を変えていくには何が必要なのかがわかり、より良いマネジメントが実現できます。このような文化の捉え方を解釈主義的な文化論といいます。

組織の文化は、トップダウン的にコントロールしようとしても、それだけでコントロールし切れるものではありません。経営者・管理者は、組織構成員の行動の理由を理解し、それに基づいたリーダーシップとマネジメントが必要です。

本来、文化は非常に複雑なものです。様々なアプローチによって研究されている文化の知見を活かし、より良いマネジメントを目指していくことになります。

第四章

健全な安全文化の姿とは

健全な安全文化の姿とは、具体的にはどのようなものでしょうか。

原子力分野では、２０１８年、原子力規制委員会が「安全文化検査ガイド」の中で、「安全文化の要素」として「安全文化10特性※」を示しました[15]。これは〝健全な安全文化はこのような特徴を持っている〟ということを、十個の特性を挙げて示したものです。

また、世界的には、例えば米国原子力発電運転協会（ＩＮＰＯ）が、「健全な安全文化の特性（以下「10ｔｒａｉｔｓ」と表記）」[16]によって安全文化を具体的に示しています。「10ｔｒａｉｔｓ」は、世界中の様々な規制機関や一般大衆、原子力産業界の代表らから意見を集めて安全文化の姿を表現したもので、原子力分野では世界的にも広く活用されています。原子力規制委員会が示した「安全文化10特性」は、この「10ｔｒａｉｔｓ」とも整合のとれた内容になっています。

この章では、「安全文化10特性」を「10ｔｒａｉｔｓ」の考え方を参考にして整理し、解説します。またこれらの特性は、原子力以外の産業にとっても参考になるものと考えています。

※「安全文化10特性」は試運用版として公開されており（2019年1月末時点）、今後変更される可能性がありますが、本書で述べる解説はそのまま適用できると考えています。

第一節　安全文化の特性

「安全文化10特性」や「10ｔｒａｉｔｓ」には、健全な安全文化が実現されている組織の特性として十の特性が挙げられています。「10ｔｒａｉｔｓ」を参考にすると、それらの特性は「個人の役割」「経営・管理の役割」「経営・管理の仕組み」に区分されます。表2に、この三つの区分に整理した十の特性を示します。

「個人の役割」「経営・管理の役割」「経営・管理の仕組み」は、次のように、企業活動を形作る要素と言えます。

個人の役割

経営者から現場第一線まで、組織の構成員一人ひとりは、責任を持って与えられた仕事を行う

経営・管理の役割

経営者・管理者は、目標や方針を定め、組織目標を達成するように組織を運

営する

経営・管理の仕組み

方針や目標を定め、それを達成するために組織を適切に経営・管理するための仕組み

表 2 安全文化の特性

	安全文化の特性
個人の役割	安全に関する責任 常に問いかける姿勢 コミュニケーション
経営・管理の役割	リーダーシップ 意思決定 尊重しあう職場環境
経営・管理の仕組み	継続的学習 問題の把握と解決 作業プロセス 問題提起できる環境

（「安全文化 10 特性」を「10traits」の区分を参考に整理）

企業組織はおよそこの三つによって、組織の目標を達成していきます。この構造に当てはめて安全文化の特性を解釈することで、それぞれの「特性」の意味するところが明確になり、誰が何をすべきか、また、組織の体制や仕組みとして何を整えるべきかも考えやすくなります。

では、三つの区分に沿って安全文化の特性を見ていきましょう。

安全文化の特性

健全な安全文化を実現している組織では、次のような特性が見られます。

個人の役割

経営者から現場第一線まで、組織のメンバー一人ひとりが安全に関して責任を持ち、積極的に関わっています。これは次の三つの特性で示されます。

安全に関する責任

常に問いかける姿勢

コミュニケーション

経営・管理の役割

経営者や管理者が安全に関して責任を持ち、積極的に関わっています。これは次の三つの特性で示されます。

リーダーシップ

意思決定

尊重しあう職場環境

経営・管理の仕組み

組織の経営・管理の仕組みによって、次の「特性」に示すような安全に関して必要なことが実現されています。これは次の四つの特性で示されます。

継続的学習
問題の把握と解決
作業プロセス
問題提起できる環境

こういった安全文化の特性が、日常業務の中にどのように見られるかを、事例を通して見てみましょう。作業者が現場でリスクを発見し、対処するという、次の①～③のプロセスを考えてみます。

① 現場で働く作業者がリスクに気づく
② 気づいたリスクを管理者や監督者に伝え、情報共有する
③ 共有されたリスク情報が、定められた手続き（リスクアセスメントなどの方法）

によって検討、対処される

このプロセスの中に、安全文化の特性は、例えば次のように関わっています。

① リスクを発見するためには、一人ひとりが現状を問い直す姿勢を持つことが大切です。この姿勢は、経営者から現場第一線まで、組織の全員に求められることです（個人の役割）。

② 上司は部下から出された意見をきちんと受け止めること、また、部下が意見を出すことを普段から奨励することが求められます（経営・管理の役割）。

③リスクを小さくするための手続きが組織として決められており、それによってリスクが評価、対処されなければなりません（経営・管理の仕組み）。

安全を向上させていくためには、全ての企業活動と同様に、「個人の役割」「経営・管理の役割」「経営・管理の仕組み」の三つがバランスよく実行されていることが必要です。もし現場の一人ひとりが現状を問い直す姿勢をもってリスクを発見したとしても、上司がそれらの意見を受け止めなかったり、あるいはリスクを小さくするための手続きが組織になかったら、リスクを小さくすることはできません。

またそれぞれの特性は、互いに独立していて関連がないということではなく、重なり合い、影響し合っています。例えば、経営者や管理者のリーダーシップは、組織の構成員とのコミュニケーションを通して発揮される面もあるため、「経営・管理の役割」の区分に示されている「リーダーシップ」という特性には、「個人の役割」に示される「コミュニケーション」の要素も関わってきます。

組織の安全文化をより良いものにしていくためには、特性の全体を考慮する必要があるのです。

このように、安全文化の特性を

・個人の役割（経営者から現場第一線まで、組織の全員が行っていること）

・経営・管理の役割（経営者や管理者が、役職者の責任として果たしていること）

・経営・管理の仕組み（組織の経営・管理の仕組みによって実現されていること）

という三つの区分に沿って捉えることで、特性の意味するところがより明確になります。そして、健全な安全文化を育成するための具体的な取り組みにもつなげやすくなると考えられます。

次節以降、三つの区分に沿って、それぞれの特性を解釈していきます。また、日常業務に展開するときの参考になると思われる点を適宜記します。

第二節　個人の役割

「個人」とは、経営者から現場第一線まで、組織に所属する一人ひとりのことです。健全な安全文化の組織では、組織のメンバー一人ひとりが安全に関して責任を持ち、積極的に関わっています。これに関する「特性」は三つあります。

(1) 安全に関する責任

組織の構成員は、経営者から現場第一線まで、全員が安全に対して責任を負っています。

「10traits」では、責任を表す言葉としてresponsibilityとaccountabilityが使われていますが、この二つの言葉を「安全に関する責任」という観点から本書なりに整理します。

responsibilityは、自分に期待されていることを果たすということです。respond（返事する、反応する）という言葉からイメージできるように、他者などから求められたことに応える、与えられた仕事を果たす、といったことと考えられます。

一方、accountabilityは、account（理由や原因を説明する）という言葉の意味から推察すると、自分に期待されたことの目的や意味を理解し、必要があれば自分が行ったことについていつでも説明ができるような姿勢で物事に取り組むという、能動的・主体的な関わりのことと考えられます。accountabilityは一般に「説明責任」と訳され、「説明する責任」と捉えられることがありますが、本来の意味は、説明という行為を行う責任のことではありません。説明していないから責任を果たしていない、あるいは説明すれば責任を果たしたことになるということではなく、自分が行ったことに対して責任を負うということであり、説明するという行為は、その中に当然含まれていると考えるのが適切です。

「安全に関する責任」とは、経営者から現場第一線まで一人ひとりが、受け身ではなく主体的に、自分に求められている安全に対する役割をしっかり果たすということです。

(2) 常に問いかける（問い直す）姿勢

「常に問いかける姿勢」の「問いかける」とは、誰かが誰かに対して
「これで大丈夫か？」
「こんなことも確認したか？」
と問いを投げ掛けるというよりは、個人が自分の責任として現状を問い直すことであり、用心深さを持つことと考えるのが適切でしょう。

「常に問いかける姿勢」とは、日常業務の行われ方を様々な見方で問い直し、リスクを小さくすることと言えます。組織の構成員は、エラーや望ましくない行動につながる状況が発見できるよう、現在の機器・設備や仕事の仕方に問題がないかを、「当たり前」と思っているようなことも含めて、常に問い直すことが求められます。

ちょっとした違和感、気づきを大切にする

いつもどおりに仕事をしていて、ふと、「あれっ?」とか「普段と違うな」と感じたことはないでしょうか。「何かおかしい」と異変を感じたら、それをやり過ごさず、いったん立ち止まって考えてみてください。

近年の設備やシステムは複雑であるため、状況の変化によって、思いもよらない事故が起こることがあります。システムはある状況を前提として設計されるので、状況が変化すると、その前提が合わなくなるからです。「あれっ?」という違和感や腑に落ちない感覚は、状況が変化して、そのやり方が、始めに前提としていた状況と合わなくなっていることを感じ取っている場合があります。そこで、不明な点を究明したり、作業の前提を確認したりすることで、事故やエラーを引き起こしかねない状況を検出することにつなげていくことができます。

このような違和感に気づく機会を、偶然だけに任せるのではなく、より積極的に増やしていきましょう。そのためには、例えば作業を始めるときには、対象の設備・機

器の状態や電源条件、あるいは周囲の環境条件が、作業計画書で想定していたものと相違ないかを確認するなど、自分がこれから行う作業内容に不安がないか、もう一度考えてみましょう。こういったことを確認しながら日常業務を行うことで、違和感に気づくチャンスが広がります。

ここの壁に
穴を開けて配管を
通してくれ
ハイ…。
ん？
でもここ、
埋設ケーブルが
なかったっけ？

(3) コミュニケーション

安全のための情報交換

この特性の最も重要な点は、安全に焦点を当てたコミュニケーションを行うということです。一般にコミュニケーションというと、挨拶や世間話、あるいは懇親会といったものが思い浮かぶかもしれません。これらは円滑な人間関係の構築や明るい職場作りを目的としたものであり、もちろん大切ですが、それとは別のものなのです。

ここでは、コミュニケーションは「情報交換」と捉えることがふさわしいでしょう。私たちは毎日多くの情報交換を日常業務の中で行っています。例えば、現場作業を計画するとき、皆さんはどうしていますか。計画は自分たちの作業グループの都合だけでは決められないものです。作業を安全に行うためには、工場設備の一時的な停電や、設備の部分的な隔離が必要になるかもしれないし、作業場所や時期によっては、他の作業と干渉が生じるかもしれません。そのため皆さんは、作業を無事に遂行するために、様々な部署と連絡・調整を行い、措置をとっているはずです。

このようなことは、全て情報交換（コミュニケーション）と言えます。連絡や調整等によって、作業内容を関係者と共有するとともに、作業に伴って発生するリスクに対処し、その作業が無事に行われるようにしているのです。工場設備の停電が必要な作業であれば、設備のどの範囲まで停電が必要かを明らかにして、影響が及ぶ関係者にはあらかじめ連絡を入れます。作業が他の作業グループと干渉することがわかったら、作業時間を調整して干渉しないようにしたり、作業スペースを工夫して、相互に影響を及ぼさないようにしたりします。つまり情報交換は、作業内容を関係者と共有するとともに、作業に関わるリスクを小さくする役割を果たしているのです。

このように情報交換がリスクを小さくすることに重要な役割を果たしているということは、普段あまり意識せずに日常業務が行われているのではないかと考えられます。しかし、現場での安全のほとんどは情報交換によって支えられています。情報交換することで、お互いにとって不確定（曖昧）な部分が解消され、手違いなどの問題が起こる可能性を減らしているのです。このことを意識して、安全を向上させるため、つまりリスクを小さくするためにはどのような情報を相手に伝え、相手からどのような情報を得ればいいかを考えて情報を交換することで、コミュニケーションが安全に焦点を当てたものになります。

また、情報伝達の方法や手段も重要です。現場での指示や合図の仕方は統一されているか、相手に誤解なく伝わる言葉遣いをしているか、作業の体制や人員の配置はどうか、連絡・確認の内容やタイミングをどうするか、連絡手段はどうするか、なども考える必要があります。

情報を伝える手段は会話だけに限りません。文字や画像、身ぶり、機器の名称や番号の表示、運転経験の共有、文書や記録といったもの、さらに適切な通信手段が確保されていることも、業務に関わるリスクを減らすためのものです。

このように、確実なコミュニケーションを行うためには、広範囲な配慮が必要になります。

日常業務の様々なコミュニケーションの目的を「リスクを小さくすること」と位置づけることで、どのような情報を、どのように伝えるべきかが明確になります。普段行っている「報・連・相」でも、改めて「リスクを小さくするためのもの」と考えてみれば、伝える内容やタイミングなどを再検討するきっかけになるでしょう。

安全に焦点を当てたコミュニケーションとは、日常業務の中で行われている情報交換（コミュニケーション）において、まず安全に着目して、必要な情報を伝えようということなのです。

経営者・管理者が行うべきコミュニケーション

安全文化ではリーダーシップが重要視されています。組織の経営者や管理者が、部下とのコミュニケーションにおいて安全の重要性を伝えることは、まさに組織を安全文化に向けて引っ張っていくリーダーシップの一つです。

時として、安全活動と生産活動は対立するものと捉えられることがあります。こうした場合は特に、安全上の意思決定や、リソース（人、予算、時間など）の配分に関わる意思決定の根拠を伝えることが重要です。

経営者・管理者は、会議や訓示、打ち合わせといった公式な場面はもちろん、日常業務の中での会話の場面でも、安全の重要性を伝えることが大切です。

そして最も大切なのは、例えプライベートな会話であっても、安全の価値を揺るがすような発言をしないことではないでしょうか。なぜなら、会議や日常業務の場面で

は安全の大切さを強調していても、プライベートな場面で
「安全は大事だけど、面倒な事が増えて困るよね」
「本音ではなかなかそこまでは思えないけどね」
などと言ってしまったら、部下はそれを上司の本音と受け止めるからです。

監査部門や監督官庁とのオープンかつ率直な意思疎通

ヒヤリハットの情報を多く集めている組織に対して、もし監査部門や監督官庁が「これだけヒヤリハットが起こるのは、不安全な組織だ」という評価をしたら、その組織は、次からそういった情報を集めて活用していることを、外部に言うのは控えるようになるかもしれません。まずは、組織構成員の感度が高くて小さなリスクでも見つけて報告しているのか、それとも仕事のやり方や管理の仕方などに問題があって実際にヒヤリハットの発生が多いのかの見極めが必要です。そうした見極めをせずに、ヒヤリハット情報が多く共有されている状況を単に「不安全」とする見方は、リスクを小さくしていくという目的からすれば偏ったものの見方であり、誤りと言わざるを

えません。ヒヤリハットはリスクを小さくしていくための貴重な情報源であり、多くの情報が共有されるのは、組織が安全に価値を認めていることの表れであると評価すべきなのです。

監査部門や監督官庁とオープンかつ率直に意思疎通を図れるかどうかは、結局、こういった考え方を共有できるか、ということです。

リスクはゼロにはならないことを理解し、「リスクは残っているが、ここまでのリスクは処理できた」という考え方で、互いにコミュニケーションを行うことが必要不可欠ではないでしょうか。

背景には、リスクがあると認めることに対する抵抗感があるかもしれません。それが健全なコミュニケーションを遠ざけ、安全の向上を阻害しているのであれば、そのような課題は少しずつでも克服する必要があります。

社会全体を変えることはすぐには難しくても、組織の文化や、産業界における文化であれば、変えていける可能性は十分にあります。

第三節　経営・管理の役割

会社のトップや組織の長が変わった途端に、安全への取り組み方が（良い方向にもそうでない方向にも）ガラリと変わった、という経験はないでしょうか。経営トップを始め、組織の経営者や管理者は、組織の運営に対して大きな影響力があり、それは安全においても同様です。健全な安全文化の組織では、経営者・管理者が安全に価値を認め、積極的に関わっています。

(1) リーダーシップ

これまでにも見てきたとおり、安全文化ではリーダーシップが重要視されています。組織を新しい方向に引っ張っていくためには、リーダーシップが欠かせません。

なかでも経営トップは安全を主導していく存在です。経営トップは、組織が安全に関してどのような方針をとるかを最終的に決定しています。トップの安全に対する価値観が、組織の業務体制や仕事の仕方に反映され、組織のメンバー一人ひとりの行動に影響を与えていきます。そしてそのような日常業務が長い間積み重なることで、やがて習慣化され、組織の文化になります。そういった意味で、組織の安全文化は、経営トップのリーダーシップに委ねられていると言えます。

少なくとも、経営トップを始めとする経営者・管理者は、安全文化に関してはリーダーでなければなりません。また役職者ではない一般社員でも、ベテランとしてグループを率いていればそのグループ員にとってのリーダーです。

例えば、リーダーが現場に出向いて立ち会うことで、安全への関心の高さが伝わります。また、リソース（人、予算、時間など）をどのようにマネジメントするかということも非常に重要です。安全のために予算をつけ、安全部門に組織の中で最も優秀な人材を配置すれば、それは組織のメンバーに向けて、組織が安全に対して本気で取り組んでいることを示す強いメッセージになります。さらに安全性や信頼性に配慮するよう言葉で伝えるとともに、必要な作業時間を確保したり、十分な資格を持った人が対応できるようにするなど、安全にリソースを割り当てることによって、組織が安全に対して価値を認めていることを示すことができます。

そしてインセンティブや賞罰、また日常の会話などを通して、部下の安全に関わる行動を強化することも、リーダーによる関わり方の一つです。

リーダーは、日常業務の中で、安全に対し責任ある関わり方を示さなければなりません。それは、言葉と行動の両方で、安全を重視した模範を示すことです。安全に関して自らが手本を示したり、指導するなどして、組織のメンバーが安全を優先した行動をとるよう、影響を与え続けていくことが求められます。

(2) 意思決定

安全に関わる重要な意思決定

安全は「許容できないリスクがないこと」であるため、安全に関わる意思決定には個人的な価値判断も入り込みます。従って、組織において安全に関わる意思決定を行う場合は、定められた規則に基づいて厳密に行うことが大切です。また安全に関わる意思決定では、許容範囲内だからよいという選択ではなく、より用心深い選択を行うこと（安全側の選択）が求められます。

なお意思決定は机上だけで行われるものではありません。例えば、現場で予期しない事態や不確かな状況に直面した場合は、まず一旦立ち止まるなどして、前に述べたことと同様に意思決定を行うことが必要です。

意思決定の根拠を記録で残す

意思決定の方法は、組織によって様々です。どのような方法であっても、重要なのは、意思決定の根拠を明確にし、記録として残すということです。どのようなリスクがあり、その大きさをどう見積もったのか。どんな判断基準に基づいて意思決定を行ったか。なぜその方針を採用したか。これらの理由を記録しておくことが大切です。

数十年前、ある工場が造られました。それは技術的に初期の設計で建てられた工場であり、オペレーションマニュアルも不十分なものでした。そこで工場では、運用にあたった職員の知恵を集めて新しくマニュアルを作り、さらに運用に伴って得られる経験や、事故や故障などの経験もそこに反映して、より良いものにしていきました。

その後その会社では生産の拡大に伴い、続けていくつかの工場を建設しました。新しく建てられた工場では、以前に建てられた工場の最新のオペレーションマニュアルをベースに、マニュアルを作成していきました。ところが、やがて後発工場で、マニュアルをめぐる問題に突き当たります。マニュアルに使いにくいところが見つかり、変更したいと考えたのですが、元のマニュアルがなぜそのようなものになっているのかが記録として残っておらず、その方法を採用した理由がわからないのです。工場は複雑な設備なので、どこかを変更すると、思いもよらないところに影響が出る可能性があります。心配でマニュアルを変更することができません。そこで後発工場では、マニュアルを変更したいときには初期の工場に長年勤務し、経緯に詳しい人に問い合わせ、どうしてそうしたのかを調べた上で変更しました。しかし、このような"古株"と言われる人も、やがては退職してしまいます。

これは、知識や経験が、組織ではなく個人に蓄積されている状態と言えます。意思決定の理由が個人の記憶にしか残されていないため、その人にしか判断できないのです。

記録があれば、組織が次の意思決定をするときの材料とすることができます。一つの意思決定は、次の意思決定をするときの参考資料になるのです。記録を残すということは、組織が学習し、より良い仕事の体制や仕組みを作っていくために欠かせないことです。

「何を記録に残すか」ということは、何を残せば後の人が困らないか、何を残せば後の人の役に立つかを考えるということになります。どのような意思決定をしたか、意思決定にあたってリスクをどのように見積もり、どういった基準で判断したかがわかれば、後の人がその意思決定をしたときに立ち戻って考えることができます。

特に、特別な状況における判断や例外的だと思われる判断など特殊なものは、経緯を含めて記録しておくことが必要です。普遍的な判断基準はおよそ引き継がれていきますが、固有の状況をどう判断したのかということは、その時にしかわからないことだからです。

記録を残すことは、組織としてマネジメントすることが重要です。現場や個人一人ひとりに任せておけばいいというものではなく、経営者・管理者なども積極的に関わって、記録を残す仕組みを組織として作っていくのです。

そこで、具体的に何から始めるかというと、記録とはいわば後世の人に向けての「引継ぎノート」のようなものと考えればよいでしょう。一般的な引継ぎノートでも、最初は何を書くかが決まっておらず、皆が自分の好き勝手なやり方で書き込むだけということがあります。けれども、実行可能な形で、判断基準とその結果の記録を蓄積していけば、その中で役に立ったものと、役に立たないものの区別がついていきます。あるいは事故などが起きて「これが書いてあればよかった」「こういう書き方にしておけばよかった」となれば、必要な情報が確実に伝えられるよう、フォームに変更が加えられます。まずは始めてみること。その中で、大事なところ、必要なところがわかってくるのです。

(3) 尊重しあう職場環境

「尊重しあう」とは、相手の人格を尊敬するというよりは、その人の意見を尊重し、「一考に値するものとして受け止める」と解釈することが適切でしょう。

皆さんの職場では、皆さんが出した意見はどう扱われているでしょうか。

安全に関する懸念や、改善のための提案などが積極的に出されるためには、一人ひとりが出した意見が無視されずに組織に受け止められ、適切に扱われることが最も重要です。

「そんなこと言ったって仕方ない」

と言わずに意見を受け止め、

「何か価値のあることを言っているはずだ」

という前提でその意見を理解しようとすることが大切なのです。

特に上司は、部下にとっては最も身近な「組織の代表者」です。部下から見れば、上司が自分たちの意見をどう扱っているかは、組織がそれをどう扱っているかに等しいと言えます。信頼が職場に育まれるためには、上司が部下の意見をしっかりと受け止め、その上で互いの意見の相違があれば議論するなど、適切に扱うことが重要なのです。

それと同時に、一人ひとりが気づいたことや懸念を集めて検討し、対処するための「場」の整備も必要です。これを形にし、仕事の仕組みにしたものが、「経営・管理の仕組み」の特性の一つである「問題提起できる環境」です。

信頼が職場に育まれることで、小さなリスクも共有でき、安全についてのより深い議論や、多様な意見をもとにした問題解決につながります。

第四節　経営・管理の仕組み

経営・管理の仕組み（マネジメントシステム）は、仕事の体制や仕組み（企業の経営を管理する制度や方式）と言い換えられます。健全な安全文化の組織では、次の「特性」に示すような安全に関して必要なことが、仕組みによって実現されています。

(1) 継続的学習

組織に所属する一人ひとりが、仕事を通じて知識や経験を豊かにし、学習していくことは大切です。しかし、個々人の知識や経験が豊富になるだけでは、その人がいなくなれば、それらの知識や経験は組織から失われてしまいます。知識や経験を組織に蓄積させていくためには、組織が学習する必要があります。

組織が学習するとは、組織が経験等から学んだことを仕事のやり方へ反映して、仕事の体制や仕組みが変わることです。組織にとっての仕組みは、個人にとっての記憶と言え、組織が学習した成果は、仕事の体制や仕組みとして蓄積されるべきものです。

組織や組織を取り巻く状況は絶え間なく変化しているので、システムには、常にメンテナンスとマイナーチェンジが必要です。また、現在の仕事の体制や仕組みは、いわば組織がこれまでに学習した結果としてできあがっているものであり、これによって確保されている安全や品質のレベルを今よりさらに向上させていくためには、仕事の体制や仕組みをより良いものに変えていかねばなりません。

従って、組織が学習するとは、自分たちのシステムのどこをどう変更しなければならないかを探し続けることでもあります。そのための方法として、「他の組織の仕事のやり方から学ぶ」、「自己評価によって自分たちの仕事の仕方をチェックする」といったことが役立ちます。そして組織がどのように学習したかは、「仕事の体制や仕組みがどのように変化したか」によって確かめられるのです。

(2) 問題の把握と解決

事故が起きたときはもちろん、事故が起きていなくても、安全に影響を及ぼす可能性のある問題をいかに拾い上げ、前もって手を打っていくかが大切です。問題を見つけるために、様々な方法で取り組みましょう。例えば、日常業務における課題や、設備の劣化傾向、あるいはヒヤリハットなどは、些細なことに見えたとしても、しばしば重大な問題が含まれています。問題の傾向を定期的に分析して、組織や設備などに潜む安全上の課題を明らかにすることも重要です。一人ひとりの問い直し続ける姿勢から見つけられることもあるでしょう。他の事業所のベンチマーキングをして、「この組織はここまでやっている。我々の組織はまだやり方が不十分だ」という形で問題が見いだされることもあります。

いろいろな形で見つかった問題は、リスクアセスメントを行う必要があります。組織は、「問題の発見とその解決」のために、いつ、だれが、どのような方法で、どのように問題を集め、どのように解決していくのかという、リスクアセスメントのための有効な仕組みを作る必要があります。現在の仕組みは十分なものか、もっとリスクを拾い出し、手を打つにはどうすればよいかを考えて、仕組みをより良くしていきましょう。

(3) 作業プロセス

安全を確保するためには、一つひとつの仕事のやり方（作業プロセス）が重要です。作業プロセスとは作業計画、作業の実行、結果の評価、および評価を受けての措置等の一連の過程であり、この過程の中で安全が作り込まれていきます。すなわち安全のための行動と作業のための行動は一体化されているということであり、安全の確保は、作業遂行の技術力の中に含まれているのです。

かつては、安全はベテランの技能を以て確保されてきましたが、具体的な作業の仕方や、準備や後始末、情報交換などが手順書などとして記述され、文書化されていれば、次の人に伝承することができます。客観化された作業プロセスそのものが、安全確保のための技術と言ってもいいでしょう。

作業の手順書は、作業のプロセスを記述したものですが、一度作ったまま、十年経っても同じものを使っているということはないでしょうか。リスクがより小さくなるように、作業のやり方をいかにメンテナンスしていくか。これを作業者や関係者だけに任せているのではなく、組織がサポートを行って、一つひとつの作業プロセスをより安全なものにしていくことが大切です。

例えば「手順書を守れ」と言っても、長い年月のうちに複数部署の仕事のプロセスが互いに矛盾するものになっていることもあります。そのような状況があれば、部署間を調整し、組織全体として最も適切な状態になるようにするのがマネジメントの役割です。安全のための施設の強化や、関連文書の整備・更新などは、マネジメントの欠かせない仕事なのです。

(4) 問題提起できる環境

懸念を提起しやすいシステムを作る

組織のメンバーが安全上の懸念を提起するには、提起したことによって不利益を被ることのない、ものの言いやすい職場にしていかねばなりません。それと同時に、懸念を感じたときにそれを組織内に伝え、共有することができる仕組みを、ハードウェアの面でも、仕事の体制やルールといった面でも作っていく必要があります。

次のような事例があります。協力会社の作業員が現場で作業しているときに緊急事態が起こり、すぐに工場のコントロール・ルームに連絡して、運転中の機器を止めてもらわないといけないという状況に陥りました。しかしその工場では、コントロール・ルームに協力会社の作業員から直接連絡するという仕組みはなく、連絡先や連絡方法も知らされていませんでした。そのため仕方なく、協力会社の作業員はまず自分

急いで
止めてください！
何が起きてるのか
教えて！
でないと客先に
伝えられないよ！
わかりました
まず上司に状況を
報告して…
上司の承認がないと
僕の判断だけでは
止められないし…
緊急停止！

の上司に緊急事態が起きていることを連絡し、上司が作業の発注元である工場の作業担当者に連絡し、その担当者がコントロール・ルームに連絡を入れるという、伝言ゲームのような連絡が行われることになりました。運が悪いことに、工場内には電波の届きにくいエリアがあり、当該の作業場所はたまたまその弱い場所にあたっていたため、関係者が電話をするためには、電波状態の良い場所を探して走り回らなければなりませんでした。この結果、コントロール・ルームが緊急事態発生を知り、機器を停止させたのは、協力会社の作業員が上司に一報を入れてから、十数分も後のこととなったのです。

この事例を、ハードウェアの側面から見てみましょう。仮に、構内で働く人に携帯電話が支給されていなければ、必要な情報を関係者に素早く伝えることはできません。さらに携帯電話があっても、構内に電波の弱い場所があっては、やはり情報を素早く伝えることはできません。携帯電話を支給してどこからでも通話できるようにしておく、あるいは作業場所に固定電話を設置しておくといった、ハードウェアによる情報の伝達経路の整備は、懸念を提起できる環境作りそのものです。このように「問題提起できる環境」という特性には、情報を伝えるための物理的な環境作りが含まれています。

次に仕事の仕組みという側面から見ると、当時この工場では、協力会社と工場との連絡方法は「協力会社の責任者から工場の作業担当者に連絡する」という仕組みがあるだけでした。そのため緊急事態が発生したときにも、協力会社から直接コントロール・ルームへ連絡することはできませんでした。これでは、緊急時に迅速に情報を伝えることはできません。緊急時には誰であろうとコントロール・ルームに連絡できるルールを作っておくことも、情報の伝達経路の整備に他なりません。これもまた、職場が「問題提起できる環境」であるために重要なことです。

例えば、タブレット端末を現場に持っていって、気になることがあればその場で関係者に状況を送信できるようにしたり、調べたいことがあればその場で必要なデータベースにアクセスできるようにすることも、懸念を提起しやすくしています。

あるいは、組織としてはヒヤリハットの情報を集めたいと思っていても、現場の作業者は多忙であることが多く、ヒヤリハットの報告に、発生状況から原因、対策までを記載しなければいけないのであれば、報告が敬遠されることもあります。そこで、構内の地図を事務所に貼り、作業者がヒヤリハットに遭遇したら、地図の上にシールを貼るだけにしてもらい、その後の情報収集や分析は組織の安全部門が行うといった工夫も、作業者が報告するハードルを下げて、懸念を提起しやすくするものです。

本章では「安全文化10特性」について、それを解釈したり日常業務に展開したりするときに参考になると思われる点を示してきました。

ここで挙げた十の特性は、健全な安全文化の組織にはこのような特性が見られる、ということを述べたものです。例えば「元気な子供とはこういうものだ」ということを説明しようとすると、「外でよく遊んでいる」とか、「何でもよく食べる」といった特性で説明するのと同じです。

ここで挙げた様々な特性と自分たちの組織の文化を比べて、不足している点を改善していくことは、組織の文化をより安全に寄与するものにしていくことにつながります。

ティーブレーク④

安全のためのコミュニケーション

十分にコミュニケーションをとったつもりでも、相手が思わぬ判断や行動をしてしまうときがあります。

一般に、誤解や間違いが生じたということは、自分が「こうしよう」と選んだ行動以外の行動が最適だったということです。つまりその時点での判断や行動に複数の選択肢があり、後から見れば不適切な選択肢を選んだ結果なのです。これを防ぐには、不適切な選択肢の存在（不確実性）を極力減らすことです。極論すれば、選択肢が一つしかないならば、誤解や間違いが生じることはないのです。

この「選択肢を減らす」という機能を持っているのが情報というものであり、この「情報」を伝達するのがコミュニケーションです。選択肢が減らないコミュニケーションは、安全にとって役には立ちません。挨拶だけでは選択肢は減らないのです。日常の仕事の中で「誰に何を伝えればよいのか」「誰から何の情報を受け取ればよいのか」を考え、状況の中の不確実性を消すコミュニケーションが「安全のためのコミュニケーション」なのです。

第五章

組織の安全文化を育成する

ここまで、組織の文化がどのように形成されるか、そして安全文化の定義とその具体的な姿を「10traits」や「安全文化10特性」を通して見てきました。

ここで改めて、日常業務と文化との関係を整理したいと思います。

私たちは、様々な行動目標に向かって日常業務を行っています。日常業務の中でリーダーシップを発揮し、いろいろな仕組みを作り、リソースを投入し……と、様々なことを行います。そして振り返ったときに、組織がどのような姿になっているのか、すなわち振り返ったときにそこにある足跡が文化なのです。「10traits」や「安全文化10特性」は、いわば自分たちの足跡が目指す方向へ向かっているかを確かめるための羅針盤なのです。

現状の安全文化に変化をもたらしたいのであれば、それを実現する手段は、現状の安全文化に変化をもたらすような新たな行動目標を立て、実現に向けて努力することです。そしてその努力の成果である「足跡」が、目指す方向へ向かっているかを再度確かめ、行動目標をまた見直すことを繰り返していくことで、文化が変わっていくと期待できます。

組織の文化は、過去から現時点まで、様々な日常の行動が積み重ねられて出来上がったものであり、いうなれば「過去に属するもの」です。それに対して、行動目標は未来に向かって立てるものであり、いわば「未来に属するもの」です。

私たちは未来に向かって行動目標を立て、実行し、そしてその結果出来上がった組織文化を振り返って、次の新たな行動目標を立てていくのです。

安全文化の育成は、現状の安全文化を知ることから始まります。過去から現時点まで日常の行動が積み重ねられて出来上がった文化は、安全という側面から見てどのようなものであり、目標とする安全文化の姿と比較してどのようなものでしょうか。まず、現状評価を行うことによって、改善点を見いだし、安全文化育成に向けたプランを立てることができます。

本章では、文化の評価、評価の留意点、新たな行動目標の考案の順に見ていきます。

第一節　安全文化の評価

安全文化を育成するには、まず現状の安全文化を評価し、改善の方向を見定める必要があります。安全文化の評価は、健全な安全文化にしていくために、不十分なところを確認し、改善していくきっかけにするものです。そこで「安全文化10特性」や「10ｔｒａｉｔｓ」などに示される安全文化の特性を参考に、自分たちの組織の安全文化を評価してみましょう。

いくつかの例を紹介します。

〔例1〕

Ａさんはある工場の保守点検を行う課、Ｂさんはオペレーションを行う課の職員です。この日は、工場のある性能を確認するために、Ａさんの課が計画した試験を実施することになりました。試験では、Ａさんの指示の下、Ｂさんが操作を行います。試験が進み、Ａさんの指示でＢさんが操作した際、工場の運転状態を表す温度・圧力・流量などの一部のパラメーターが、予定外に大きく変化しました。Ａさんは、オペレーターであるＢさんが計器を見ながら操作しているので、変化した分の対応操作は彼が行ってくれるだろうと思っています。ところがＢさんは、Ａさんの指示に従って試験を進めているのだから、パラメーターの変化も理解した上で、指示を出していると思っていました。その結果、予定外の変化に対する対応操作が行われず、パラメーターがさらに大きく変化して、工場の設備の一部が停止してしまいました。

試験を計画した
Ａさん

オペレーション担当課
Ｂさん

この事例は、技術的に見れば、試験によって工場の運転パラメーターが変動する範囲について検討不足だったことや、操作や指示の役割分担についての事前の検討・調整が不十分だったことが指摘できます。

さらに、この事例を文化という視点から見ると、AさんとBさんの間には、「仕事をするときに自分の作業範囲だけを見ており、相手の領域には敢えて踏み込まない」といった傾向がうかがえます。もし、この組織の他の事故や不具合にも、この事例と同じような傾向が見られるのであれば、そこには組織の文化が関わっている可能性があると言えます。

このような組織の文化を「安全文化10特性」や「10 traits」に示された安全文化の特性を参考に評価すると、「コミュニケーション」に課題が感じられ、加えて個人の「安全に関する責任」を積極的・主体的に果たしているとは言えないとも考えられます。もちろんこの他の特性に関わる問題が見えてくることもあるでしょう。

〔例2〕

エラー対策を重ねているにも関わらず、一向にエラーが減らないというケースがありました。なぜエラーが減らないのかを皆で議論した結果、今までの対策は、「エラーは作業者の不注意が原因だ」と考えて、作業者や作業監督者に対する注意喚起や、現場パトロール強化による不安全行動の指摘ばかりを実施していることがわかりました。そのような考え方が組織内で共有されているために、エラーを低減するために本来必要な作業環境の整備、作業手順の見直しなど、ハードウェアや仕事の仕方の改善が実施されることは少なく、その結果、エラーが繰り返し発生しているのではないかと考えられました。

この状況は、「エラーは作業者の不注意が原因だ」とか「生産性の向上に直接つながらないところには費用を掛けないで済ませることが良いことだ」といった考え方が、組織の「当たり前」としていまだに継続されていることが組織の文化的な問題と考察でき、「10ｔｒａｉｔｓ」等で言うところの、例えば「リーダーシップ」や「問題の把握と解決」などに問題が存在すると見ることもできます。

これらの例は、「個々の具体的な問題」を検討し、解決の方途を考察することによって、より健全な安全文化に近づく方法です。

一方で、組織の安全文化の状況がどのようなものであるかを「全体的に判断」することも今後のプラン策定には重要なことです。

そのためには多くの現場の情報を総合的に検討し、「10ｔｒａｉｔｓ」等で示される様々な特性を全体的・総合的に考慮して、評価することになります。そのためのデータには、

・組織が掲げる理念や方針
・現場観察の結果
・職員へのインタビュー調査の結果
・組織が決めている規則
・製品の不良発生データやその原因分析の結果
・災害の発生傾向や原因分析の結果
・各種の監査報告書や調査報告書

など、様々なものがあります。こういった多様な情報から、組織の安全文化の状況を総合的に考察するのです
また、同じ会社でも、部署やグループや担当職務によって状況が異なる場合もあります。社長や所長などの経営幹部、管理者、担当者など、職位による特徴や、年齢による特徴があるかもしれません。考察するときには、いろいろな角度、断面で見てみ

ることで、組織の安全文化の状況がより適切に把握できると考えられます。

第二節　安全文化評価の留意点

(1) 自己評価と他者評価

組織の安全文化の自己評価とは、「10 traits」等で示された安全文化が実現しているかを自分たちでか、それにどれだけ近づいているかを自分たちで振り返ることです。この自己評価のプロセスを通じて、組織や個人が安全への意識を高め、安全に対する組織文化の重要性を学習する機会となります。そのため経営者・管理者はもとより、組織構成員全員がそれぞれの役割に応じて評価に積極的に関わることが、安全文化の理解と改善に効果的であり、欠かすことができません。

また、そうは言っても、「組織の安全文化の状

況がどのようなものであるかを全体的に判断する」ことは容易ではありません。評価に際しては、安全や文化に関する知識はもとより、現場実務や管理の経験、さらに事故分析・ヒューマンファクターなど関連する知識が必要です。マネジメントは、このような人材を養成していかなければなりません。

なお組織の文化は、組織のメンバーにとっては「当たり前」のことであるため、自分たちだけで考察する自己評価では、把握しにくい面もあります。そこで、第三者による考察（社内、社外とも）を利用することも有益です。

(2) 木を見て森も見る

評価にあたって、それぞれの部署や部門、あるいは事業所が、自分たちの組織について評価した結果を並べたものを、組織全体の評価結果だと結論するようなことはないでしょうか。安全文化の評価では、部署や事業所などの一つひとつについて検討することも大切ですが、全ての部署や事業所等が集まった組織全体として見たときに、目指す方向に向かっているか、組織全体にわたって悪い影響を与えているものはないかを評価することが必要です。いわば木を見て森も見るということです。

例えるなら、自動車のバラバラの部品を全て集めても、自動車そのものを表しているわけではないのです。自動車は単なる部品の集合ではなく、それらが組み立てられて自動車の機能を発揮しています。従って個々の部品の性能だけではなく、自動車としての機能がきちんと発揮されているか、阻害しているものはないかを評価しなければ、自動車を評価したことにはなりません。

それと同じく安全文化の評価は、組織が目標とする姿に向かって、組織全体として、また組織を取り巻く状況なども踏まえた上で、今後どのように組織を引っ張っていくかを考えるために行うものです。例えば「ルールに関連してあちこちで問題が生

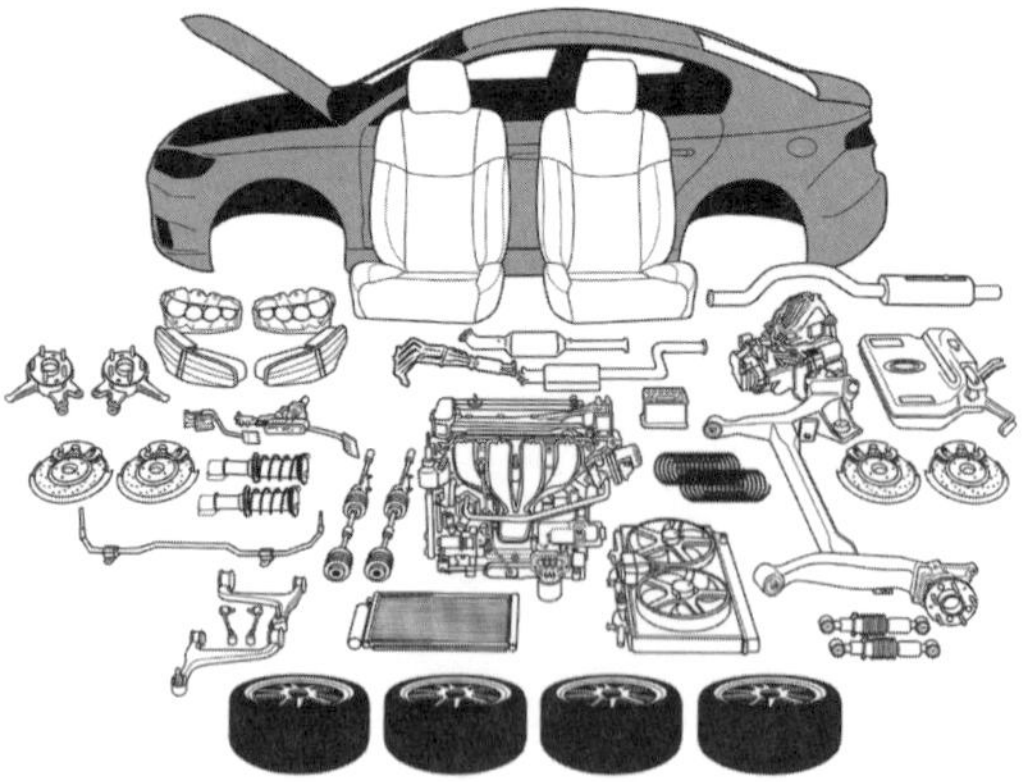

じている」というようなことは、部署ごとの評価だけからでも見いだせるでしょうし、部署ごとに対策を実施することもできます。しかし、組織全体を見るという目線で、組織が置かれている状況や今後進むべき方向も含めて検討しなければ、組織全体としての解決策は見えてきません。視野を広げ将来を見据えて、組織全体として適切な方向に向かっているのかは、経営者・管理者が高い視点から検討しなければわからないことです。

安全文化の評価において、経営者・管理者は、現場から上がってくる個々の材料を評価し、方向性を示していく必要があります。そのためには、評価のために必要な情報ということを意識して吸い上げることが求められます。また現場側も、経営層に現場の実情が伝わるように工夫し、例えばなぜ物事がうまくいくのか、あるいはなぜうまくいかないのかといった背景情報とともに伝えるなど、自分たちの置かれている状況も含めて伝達することが重要です。

(3) 現状の文化がつくられた理由を理解する努力

組織の文化は、それぞれの仕事の性質や歩んできた歴史によって形成されています。ある会社では、「事業所（工場）によって雰囲気が違う」ことを皆が不思議に感じていました。二つの事業所は同じ製品を作っており、人材のローテーションもそれなりにあるにも関わらず、仕事の仕方や事業所の状況などがなんとなく違っていると感じられています。

A事業所の仕事の仕方を一言で言うと、熱い、泥くさいです。いつも課や係をまたいで、盛んに議論をしながら仕事を進めており、トラブルがあればすぐに関係者が集まって対応を分担します。その時には、直接関係のない総務や経理課までができることを支援します。

一方のB事業所は、人も仕事の仕方も総じて穏やかでスマートな印象です。仕事はメールで進めることも多く、職場は比較的静か。トラブルのときは、当事者となった課から支援を頼まれれば労を惜しまず協力しますが、頼まれもしないのに自分から出しゃばっていくようなことはしません。

Ａ事業所の仕事はきっちりと細かなところまで詰められており、Ｂ事業所はそれに比べると大らかで、細かいことはうるさく言いません。二つの事業所のこうした特徴は、それぞれの組織の文化と言えます。

Ａ事業所とＢ事業所の文化が違う理由の一つには、事業所（工場）の建設時期の違いが考えられます。Ａ事業所はこの会社が最初に建設した古い事業所で、Ｂ事業所は最新設備の事業所です。古いＡ事業所では、保守点検のやりにくい箇所や、機器設計の脆弱さを抱えていました。例えば、一つの機器の保守点検をするにも広範囲にわたって設備を停電させる必要があり、それに関わる部署が全て集まってすり合わせをしなければ、無事に作業を終える

同じ会社なのに
なんでこんなに
違うんだろう

ことはできません。そのため、自然と部署をまたぐ打ち合わせが繰り返され、細かなことまで意思疎通が図られることになります。また、機器の設計的な課題や弱点などのために、日頃から小さなトラブルが起きるので、職員は機器の状態にいつも目を光らせています。A事業所では、そのように細かいところまで配慮することで、初めて安全が確保できていると言えます。古い機器・設備という状況によって、熱く泥くさく、細かなところまでしっかりすり合わせる仕事の仕方が、A事業所の文化になっていったのです。

一方、B事業所では、A事業所の建設・運営から得られた経験を活かし、機器、設備が抱えていた問題は設計の段階で改善されました。保守点検の際にも、対象機器だけを切り離して扱うことができるようになり、作業は容易になりました。多くの場合は自分の課だけで作業が完結するため、他の部署とすり合わせる必要がほとんどなくなったのです。その結果、日常の仕事における他部署との情報交換は自然と少なくなりました。情報交換の必要性自体が低いからです。B事業所では分業が洗練される反面、隣りの部署がどんな仕事をしているかを知る機会が少なくなり、他の部署にはできるだけお節介をしないし、他の部署のことを知らないのでお節介をしたくてもできないという傾向が見られるようになったのです。

　またB事業所が建設される頃には機器の設計や材質なども改良が進み、A事業所で起こるような機器の故障はほとんど起きず、トラブルは非常に稀で、身をもって危険を感じるようなこともありません。そのため安全に関する情報も共有はされていますが、A事業所に比べてB事業所の職員には、少し自分から遠いものに感じられていると思われます。

　このように、B事業所では安全はハードウェアによって相当程度守られており、また作業は他の部署と調整しなくても問題なく進めることができます。トラブルは起きないのが普通ですから、危険を身に迫るものとして感じる機会もほとんどありません。B事業所では、B事業所の状況に合った仕事の仕方が行われ、それが、B事業所の文化となっていったのです。

　A事業所とB事業所では、それぞれの状況に合った仕事の仕方が自然と形作られ、それが積み重ねられて組織の文化となっています。安全をより向上させるためには、現状の仕事のやり方を形作っている組織の文化が、安全にどのように影響を及ぼしているのかを確認することが必要です。組織の文化や、その成り立ちを理解することによって、安全の向上のためにどのようなアプローチが最も適しているのかを考えることができるのです。

例えば、B事業所の評価結果から、

「リスクを小さくする上で、部署間の相互理解を深めることは大切なことだ。部署間の情報交換が少ないのは問題である」

と、組織メンバーの表面的な行動や仕事のやり方だけを見て、組織の問題点を考えてしまいがちなのですが、それでは必ずしも安全の向上につながらないことがあります。このケースの場合、B事業所では他部署と情報交換しなくても仕事が進むため、ほとんどの場合において、そもそも情報をやり取りする必要がないのです。実務的に部署間の情報交換の必要性が生じていなくて、それゆえの安全上の問題が生じていないのであれば、特段、それを問題視する必要はないでしょう。そうではなく、B事業所では、トラブル自体が少ないために、トラブル情報に対して感受性が低くなっていること、そのために改善すべき設備や運用方法の問題も手がつけられていないことなど、安全の向上に影響を与えている（阻害している）問題があるかもしれません。表面的に観察された行動だけではなく、その背後に潜んでいる問題を見つけそれを考慮しなければ、安全が向上するどころか、業務負荷を増やしたり、逆に安全を阻害してしまう対策が取られかねないのです。

また逆に、B事業所から異動してきたメンバーが、A事業所での仕事のやり方の細

かさや、頻繁に行われる打ち合わせを見て、それを効率が悪いと感じ、

「細かな手順は煩雑だから簡略化しよう」

「打ち合わせは個々の担当者が行わず、代表者同士が定例的に行うことにしよう」

と、A事業所特有の事情を考えずに、慣れ親しんだB事業所のやり方に合わせて合理化したらどうでしょうか。A事業所特有の状況を踏まえた施策を考えなければ、安全に対して望ましくない影響が出てしまいます。


このように、組織の過去から現在に至る経験や状況の中で形作られた組織の文化は、目に見えないところで現在の仕事のやり方や行動などに影響を与えていますから、それを理解する努力をしなければ、より良い改善はできません。

安全文化を育成するという目標は同じであっても、それをどのようにして実現していくかは、組織によって違います。まずは自らの組織文化がどのようなもので、安全にどういった影響を及ぼしているかを理解して、その上で自分たちに合った方法を考え、仕事のやり方をより良く変えていくことが必要なのです。

第三節　新たな行動目標を立てる

(1) 文化を変えるための行動

組織の安全文化を評価して、改善すべき点が見いだされれば、それを改善するために必要となる行動目標を立て、それらを日々の行動として積み重ね、習慣化させることが必要です。その行動が「当たり前」のことになるよう、組織として、根気よく継続的に取り組むことが大切です。

どのように新しい行動目標を立て、改善に取り組めばよいか、次の事例をもとに考えてみましょう。

ある組織の文化として、次のようなことが指摘されました。

◇上意下達で仕事をすることが当たり前とされている。上司の指示に多少疑問を感じたとしても、その通りやることが部下の役割である。もし上司の指示が適切でなかったために問題が起きた場合は、指示を出した上司が責任をとるものだと考えられている。だから、多少のことであれば誰も表だって意見することはない。

このような組織の文化は、安全にどのような影響を与えているでしょうか。良くない影響を推察すると、安全に関して気がかりなことがあっても上司の指示であれば敢えて意見しない、あるいは指示されたことを指示された通りに実行するだけで自ら深く考えない、といった状況を引き起こしている可能性があります。

これを改善するためのプランとして、例えば

・気がかりなことを発言する機会を増やすことから始める。そこで、朝礼あるいは終礼時に気づいたことを拾い上げることを実践する
・気がかりなことを積極的に発言することを奨励し、評価する

これらを業務として実行することで、職員が安全に関して積極的に関わる雰囲気となることが期待できます。

新しい行動が組織の中で定着するためには、それらの行動が身に染みて「組織における正しい行動」であると皆に感じられるようにしていくことが大切です。組織の文化には〝現状を維持しようとする働き〟があるため、新しい行動に抵抗感が示されることはめずらしくありません。新しい行動が行われるためには、職場の管理者はリーダーシップを発揮するとともに、部下の意見を聞く、部下に納得してもらうように説明するなど、様々な工夫が必要です。

安全の向上のために行動を変え、それを習慣化することは、新しい文化の育成そのものです。ただし人の性格はそう簡単に変えることはできないのと同じように、組織の文化も簡単には変わりません。気長に望ましい行動を繰り返して習慣づけ、それが組織における「当たり前」のこととなるのを待つ必要があります。

だからこそ、リーダーシップとマネジメントによって、健全な安全文化を積極的に目指していく取り組みを引っ張っていくことが欠かせません。文化は決して固定されたものではなく、リーダーシップやマネジメントによって柔軟に、また場合によっては短期間に変化する可能性もあります。

(2) 特性全体を考慮する

評価によって、安全文化の特性に照らして改善すべきところが見いだされれば、それを変えていくような行動を実行していくことになります。そのときには、特性全体を見渡して考慮することが大切です。

各特性は、文化という総体をいろいろな視点から眺めたものです。文化そのものは独立した要素に分けられないものであり、各特性は互いに関わり合っています。ある特性の問題には、別の特性の問題が関わっていることもあります。また、問題があるとされた特性以外のものからアプローチすることで、対策がより効果的なものとなることもあります。

例えば「安全に関する責任」が弱いと特定された場合、それは組織の一人ひとりの問題という面もあるかもしれませんが、実は、その組織のリーダーシップやマネジメントのあり方にも問題があって、それが「『安全に関する責任』が弱い」という形で表れているのかもしれません。そう考えれば、ただ本人に自覚を持つよう求めれば状況が改善されるというものではなく、一人ひとりが「安全に関する責任」を持てるようになるために、リーダーのあり方や、仕事の仕方などにも対策を打っていくことが必要になります。

「自分たちの組織では『安全に関する責任』が弱く、それが安全の向上に対して支障になっている。そこで、『安全に関する責任』への対策とともに、そこに関わっている『リーダーシップ』と『問題の把握と解決』がより良いものとなるような対策を同時に実施する」

といったように、最終的な目標を示した上で、そのために個人が何を行い、組織が何を行うのかを明確にして実行します。

(3) 日常業務のやり方をより安全なものに変え続ける

安全文化は、訓示や講演会といった特別な機会だけでなく、日常業務の中で、仕事のやり方を通して育成されます。ただしそれは、現在の仕事のやり方を徹底するだけではありません。現在の仕事のやり方を徹底することは大切ですが、それが安全文化を育成することの全てではないのです。

現在の仕事のやり方は、あくまでも「現在のレベルの安全」を担保しているものです。安全を今よりも向上させるためには、仕事のやり方をより安全なものに変え続けていく必要があります。

安全文化の育成は、今よりもっと安全を向上させていくために、組織の文化（安全文化）を変革しようという取り組みです。そのためには、健全な安全文化という目標に向かって、それを実現するために、現在の考え方や仕事のやり方をどう変えていくかを考えることが必要です。

第四節　安全は組織の責任である

私たちは誰しも、安全に仕事をしたいという気持ちを自然に持っています。仕事の中で安全を考えないことはありませんし、誰もが安全は大切なものとしてその価値を認めています。多くの人が、自分ができる範囲で一生懸命安全に取り組んでいます。

しかし、組織にはそれぞれの文化があり、一人ひとりに影響を与えています。安全を向上させるためにはこの組織文化も考慮しなくてはなりません。組織文化は、組織が安全という目標に向けてマネジメントすべきものなのです。安全をより向上させていくためには、個人の心だけに任せるのではなく、組織として、その実現に向けて取り組む必要があります。

安全文化の育成とは、個人や組織内の一部の部門が取り組むといった範囲のことではなく、組織（企業）の責任として果たさなければならないという強い意思表示であり、組織が社会との関係において果たさなければならない責任ではないでしょうか。安全文化の育成は、一部の部門だけが取り組むことではなく、組織全体の取り組みとして行っていくことです。また、個人的な努力に任されるのではなく、組織がリーダーシップとマネジメントによって引っ張っていくものです。

安全文化が安全性を直接向上させるわけではありません。しかし組織が健全な安全文化を有することで、組織における全ての活動が、常に安全側に傾くよう見直され実行されることが期待できます。そのことによって、安全性の継続的な向上が図られるのです。

ティーブレーク⑤

安全は仕事の中にある

安全活動というと、仕事（日常業務）とは別にやっていることと考えがちではないでしょうか。例えば安全の講演会や上司の訓話など、作業や操作などのいわゆる実際の仕事とは別の活動がイメージされるかもしれません。

しかし、安全は仕事の中で実現されるものです。講演会や訓話などは、意識の向上などを通して間接的に安全に役立つかもしれませんが、直接的にリスクを小さくするのは、実際の仕事の仕方です。安全のための行動は、仕事とは別のものではなく、仕事そのものなのです。

安全に向けての行動とは、仕事の効率と安全のバランスの中で、可能な限りリスクを小さくしていくように自分たちの仕事の仕方をどう変えるかを考えていくということです。この行動を積み重ねることが安全文化の向上の姿なのです。

おわりに

安全や安全文化に関連して、いろいろと述べてきました。

前著の「実践 ヒューマンエラー対策　皆で考える現場の安全」では、作業者一人ひとりや作業チームのヒューマンエラーに焦点を当てて、どのようにエラーの低減を図るかという側面からのアプローチを記しましたが、事故や災害を防止するためには、それだけでは不十分です。

事故・災害のきっかけがヒューマンエラーであったりすると、どうしても個人の意識や姿勢・態度の問題と見られがちです。しかし、そのほとんどの場合個人を取り巻く環境や状況の要因の影響によるものであり、さらにその源は組織の文化の影響によるものであったりします。事故・災害の防止を目指し、自分たちの組織の文化を変革していく、つまり目標とする安全文化の姿にしていくためは、まずは自分たちの歩んできた足跡を振り返り、未来に向けた新しい行動を実践すること、そしてそれを継続していくことです。本書が皆様の安全への取り組みに少しでも役立ち、事故や災害がなくなるよう願っています。

本書の制作にあたり、ご協力およびご支援をいただきました関西電力株式会社原子力事業本部様に感謝申し上げます。

原子力安全システム研究所　社会システム研究所

・黒田勲（1988）．ヒューマン・ファクターを探る―災害ゼロへの道を求めて―　中央労働災害防止協会．

・黒田勲（2000）．安全文化の創造へ―ヒューマンファクターから考える　中央労働災害防止協会．

・Erik Hollnagel（2010）．安全文化―セーフティ・マネジメントとレジリアンス・エンジニアリング　（財）航空輸送技術研究センター設立20周年記念講演集．

・Erik.Hollnagel, David D.Woods, Nancy Leveson. 北村正晴（訳）（2012）．レジリエンスエンジニアリング―概念と指針　日科技連出版社．

・Erik.Hollnagel, Jean Pariès, David D. Woods, John Wreathall. 北村正晴・小松原明哲（訳）（2014）．実践レジリエンスエンジニアリング―社会・技術システムおよび重安全システムへの実装の手引き　日科技連出版社．

・向殿政男（2008）．日本と欧米の安全・リスクの基本的な考え方について　標準化と品質管理，Vol.61　No.12.

・向殿政男（2010）．ためになる「安全学」 PLANT ENGINEER, 7月号，42－43.

・向殿政男（2011）．巻頭言「安全における科学的事実と価値観」技術革新と社会変革，4巻1号．

・柚原直弘・氏田博士（2015）．システム安全学―文理融合の新たな専門知　海文堂出版．

・International Atomic Energy Agency（1998）． *Safety Reports Series No.11　DEVELOPING SAFETY CULTURE IN NUCLEAR ACTIVITIES PRACTICAL SUGGESTIONS TO ASSIST PROGRESS.*

・International Atomic Energy Agency（2002）． *IAEA-TECDOC-1329 Safety culture in nuclear installations Guidance for use in the enhancement of safety culture.*

・日本保全学会 S-Q分科会（2013）．
「原子力安全文化」の在り方とその運用―原子力規制委員会への提言（2）―．

引用・参考文献

第一章

[1] ISO／IEC（2014）．*Guide 51：2014 Safety aspects -Guidelines for their inclusion in standards.*

[2] 日本規格協会（2015）．JIS Z 8051：2015 安全側面―規格への導入指針．

第二章

[3] 原子力百科事典ATOMICA〈http://www.rist.or.jp/atomica/〉（2019年2月1日）．

[4] 資源エネルギー庁（2004）．平成15年度エネルギーに関する年次報告（エネルギー白書2004）．

[5] 佐藤一男（2002）．セーフティカルチャ　原安協プライマーNo.5　原子力安全研究協会．

[6] ブリタニカ国際大百科事典 小項目事典．

[7] International Atomic Energy Agency（1991）．*Safety Series No.75-INSAG-4 Safety Culture.*

[8] 原子力安全委員会（2006）．原子力安全白書 平成17年版．

[9] スティーブン・R・コヴィー．フランクリン・コヴィー・ジャパン（訳）（2013）．完訳7つの習慣：人格主義の回復　キングベアー出版．

[10] United States Nuclear Regulatory Commission（2014）．*NUREG-2165 Safety Culture Common Language.*

第三章

[11] E.H.シャイン．金井壽宏（監訳）・尾川丈一・片山佳代子（訳）（2004）．企業文化―生き残りの指針　白桃書房．

[12] エドガー・H・シャイン．梅津祐良・横山哲夫（訳）（2012）．組織文化とリーダーシップ　白桃書房．

[13] International Atomic Energy Agency（2002）．*INSAG-15 KEY PRACTICAL ISSUES IN STRENGTHENING SAFETY CULTURE.*

[14] International Atomic Energy Agency（2016）．*General Safety Requirements No. GSR Part 2 Leadership and Management for Safety.*

[15] 原子力規制委員会（2018）．検査制度見直しに関する電気事業連合会等との面談 BQ1030_r1 安全文化検査ガイド 試運用版　2018年10月3日〈http://www2.nsr.go.jp/data/000248819.pdf〉（2019年2月1日）．

[16] Institute of Nuclear Power Operations（2013）．*INPO12-012 Traits of a Healthy Nuclear Safety Culture Revision 1.*

⦿監修者

飯田裕康（いいだ ひろやす）

公益財団法人大原記念労働科学研究所客員研究員。電気通信大学卒。主な研究領域は、航空管制・発電プラントなどの大規模システムや医療機関等の安全に関わるヒューマンファクター、事故事例解析、組織文化。

⦿執筆者

髙城美穂……… 株式会社 原子力安全システム研究所
前田典幸……… 一般社団法人 原子力安全推進協会、
公益財団法人 大原記念労働科学研究所
元 株式会社 原子力安全システム研究所

⦿編集協力

岩崎真理……… 有限会社 インタークエスト
森田瑞穂……… 有限会社 インタークエスト

安全文化《あんぜんぶんか》をつくる　新《あら》たな行動《こうどう》の実践《じっせん》

2019年3月16日　初版第1刷発行
2025年3月 9 日　初版第2刷発行

編　著…………… 株式会社《かぶしきがいしゃ》 原子力安全《げんしりょくあんぜん》システム研究所《けんきゅうしょ》
社会《しゃかい》システム研究所《けんきゅうしょ》
髙城美穂　前田典幸
監　修…………… 飯田裕康
発行者…………… 間庭正弘
発行所…………… 一般社団法人 日本電気協会新聞部
〒100-0006　東京都千代田区有楽町1-7-1
［電 話］03-3211-1555
［FAX］03-3212-6155
https://www.denkishimbun.com/

印刷・製本……… 株式会社 加藤文明社
ブックデザイン… 株式会社 ジョーソンドキュメンツ

ISBN 978-4-905217-75-6 C2036